不愿面对的

真相

田纳西州迦太基的凯尼福克河，2006 年
（本书插图系原文插图。）蒂帕·戈尔摄

Al Gore
An Inconvenient Truth

不愿面对的真相

[美]阿尔·戈尔　著

自然之友志愿者　译

王立礼　译校

上海译文出版社

阿尔·戈尔与蒂帕·戈尔，
在他们第一个孩子卡伦娜出生前一个月，
摄于凯尼福克河上。

献给我深爱的妻子和伴侣蒂帕，是她陪伴着我走过整个旅程。

序 言

——◆◆◆——

有些体验来得很强烈，以至于时间在那一刻好像完全停顿了。即使随后的时光继续流淌，我们的生活又重归原来的轨迹，但那些强烈的感受依然鲜活并将永远萦绕着我们。

十七年前，我最小的孩子受了重伤，危在旦夕。之前我就讲过这个故事，但我对它的理解一直在不断变化、深化。

这种理解的变化同样适用于我这些年来所讲述的关于环保的故事。在十七年前的那段日子里，我刚开始写我的第一本书《濒临失衡的地球》，儿子的事故忽然打乱了我的生活节奏，所以我开始重新思考一切，究竟什么才是我生活的重心。感谢上帝，儿子很快完全康复了。但是在那段苦难时光里，我经历了两个变化：一是我发誓要将家庭放在我生活的第一位，二是我发誓要将气候危机放在我职业生涯的第一位。

遗憾的是，在此期间，时间并未因全球环境恶化而停下脚步。环境破坏在一步步加剧，采取应对措施的需求也随之越来越紧迫。

目前气候危机最基本的框架和当年相比并没有多少本质的改变。人类文明和地球之间的关系完全被一系列因素所共同改变。这些因素包括人口爆炸、科技革命，以及一种忽视今日行为对未来影响的思维。潜在的事实就是我们和地球的生态系统发生了冲突，结果其中最脆弱的部分崩溃了。

这些年来，我加深了对气候危机问题的了解。世界顶级科学家们已经向我们发出了越来越严峻的警告。我阅读了他们的书，聆听了他们的演讲。随着危机以惊人的速度不断恶化，我越来越重视和关注这个问题。

无论在陆地还是海洋，无论冰川融化还是雪山消亡，无论热浪袭来还是干旱入侵，无论在飓风的风眼里还是在灾民的泪水中——无论在地球的哪个角落，都已经留下了累积如山、不可否认的证据，说明自然周期发生了巨变。

我了解到，除了死亡和税收之外，至少还有一件不可辩驳的事实：那就是人类活动产生的温室效应导致了气候变暖，而且这种现象还在迅速加剧，变得越来越危险，以至于成为了全球性的现象。

在过去十四年中，我在生活的磨砺中学到了很多。蒂帕和我的孩子都成长了，两个大女儿都已经结婚，我们有了两个外孙。我的父母以及蒂帕的母亲都离开了人世。

1992年，《濒临失衡的地球》出版了。我竞选上了副总统一职，一干就是八年。作为克林顿-戈尔政府的成员，我有机会得以采取一系列新政来应对气候危机。

那时候，我亲身体会到国会如何抵制我们敦促他们做出变革，我失望地看到，自从共和党及其咄咄逼人的新任保守派领导人于1994年主导国会之后，反对之声越来越激烈了。

我组织并参与举办了不少活动来增强公民对气候危机的意识，争取他们对国会行动的支持。近几十年来，我也从中汲取了不少关于美国"民主对话"性质和质量的教训。特别值得一提的是娱乐的价值观改变了我们所谓的新闻，独立的个体声音被公众言论排除在外。

1997年，我协助在日本京都举行的会谈取得了突破性的进展。此次，全世界共同起草了一个奠基式的议定书来控制全球温室效应。但是当我回到美国时，却为争取参议院对该议定书的支持而陷入了一场不断升级的斗争。

2000年，我竞选总统。那是一次漫长而艰难的战役，最终以最高法院四比五的判决，结束了在关键选区佛罗里达州的计票。这对我是一次沉重的打击。

接着，我目睹了乔治·沃克·布什宣誓就任美国总统。在当任的第一周他就违背了在竞选中作出的要控制二氧化碳排放的承诺。而正是这一承诺使很多投票者相信布什真心关注全球环境问题。

选举过后不久，布什-切尼政府越来越清楚地表现出决心，要反对任何控制温室效应的政策。他们竭尽全力地压制、削弱、甚至只要有可能就完全废除现有的相关法律法规。他们甚至抛弃了布什竞选期间有关全球变暖问题的承诺，宣称在总统看来全球变暖根本就不是个问题。

随着新上任政府逐渐起步，我必须决定自己该做些什么。毕竟，我没有工作了。这段时光当然是不容易的，但是我也得到了重新开始的机会，退后一步来思考怎么规划利用自己的时间与精力。

我开始在田纳西州的两所大学里任教，并和妻子蒂帕一起撰写了关于美国家庭的两本书。我们搬到了纳什维尔，在离我们地处迦太基的农庄不到一小时车程的地方购置了一栋房子。我步入了商界，并且开始经营两个新公司。我成为两个颇有名气的高科技公司的顾问。

我对这些新尝试感到非常兴奋，庆幸自己能在找到谋生手段的同时让世界往正确的方向有所发展。

我和合伙人乔尔·海厄特建立了"潮流电视台"。这是一个专为二十来岁的年轻人设计的有线卫星网络，其运作的基本理念在当今社会很具有革命性，即观众自己可以制作节目，并且在过程中参与美国民主公众论坛。我和合伙人大卫·布拉德开了一家可持续投资管理公司，以此证明环境等可持续性因素能够完全整合到主流的投资流程，并且能给客户带来利润。

起初，我计划再次竞选总统，但是在过去几年，我发现了其他为大众服务的方式，而且我很喜欢这些方式。

我也决定继续作关于公共政策的演讲，并且就像我在人生的每个十字路口所决定的那样，把全球环境问题当成我关注的焦点。

从我在位于田纳西州的家庭牧场度过童年一个个暑假起，当我从父亲那里学到如何关爱土地，我就对保护环境产生了极大的兴趣。我的成长过程，有一半时间在城市，一半时间在农村。而我最喜欢的是在农庄里生活的时光。自从我母亲给我和姐姐读了蕾切尔·卡森所著的《寂静的春天》，特别是当我第一次从我的大学教授罗杰·雷维尔那里得知全球变暖的观点后，我一直试图加深自己关于人类对自然影响的了解。而且在我为大众服务期间，我一直试图实施能够改善并最终消除那种有害影响的政策。

在克林顿-戈尔当政期间，我们在环保方面取得了一些成绩，尽管由于充满敌意的共和党占多数的国会的阻挠，我们缺少支持。政权移交之后，我注意到我们过去取得的进展几乎完全付之一炬。

2000年竞选之后，我所做出的决策之一，就是要再次开始我关于全球变暖的幻灯片展示。在撰写《濒临失衡的地球》一书时，我首次做了这幻灯片展示，这些年来，我一直不断扩充完善其内容直至让人信服人类活动是造成全球变暖的主要原因，如果不迅速采取行动，地球将遭受不可逆转的损害。

过去的六年中，我一直环游世界各地，将我所整理的资料与愿意听我述说的人分享。我到过大学，到过小城镇，到过大城市，我开始感到自己在改变人们的思想，虽然进程很缓慢。

2005年春天的一个晚上，我在洛杉矶市演讲。之后，有几个人走过来建议我制作一部关于全球变暖的电影。这些特殊的听众包括一些娱乐界的知名人士，其中就有环保者劳瑞·大卫以及电影制片人劳伦斯·班德，所以我知道他们的建议是认真的。但是我完全不知道自己的幻灯片该如何转换成电影。他们再次约我见面，并把我介绍给了合股电影制片公司的创办人兼首席执行官杰夫·斯科尔，他愿意出资赞助电影拍摄。他们还将我介绍给了一位极有天赋的电影大师大卫·古根海姆，他愿意担当这部电影的导演。之后，斯科特·伯恩斯加入了制片团队，莱丝莉·齐考特成为合伙制片人，她全权负责一切具体事物。

我最初担心将幻灯片转成电影将会因其娱乐性而失去了科普意义。但是我和这支出色的团队交流得越深入，就越发感到他们和我的目标是这么的一致，我也就越发坚信拍一部电影的重要性。如果我想尽快接触到尽可能多的听众，而不单靠整晚对着几百人作演讲，那么拍成电影就是最好的办法。这部与本书同名的电影已经拍摄成功了，我为此非常激动。

但事实上，我在这之前就想要写一本有关气候危机的书。是我的妻子蒂帕最先提议让我出一种带有插图和地图的新型图书，在书里将我幻灯片里的种种素材和过去几年我收集到的最新原始资料结合起来，这样可以使人们更容易接受我想表达的一切。

顺便提一句，蒂帕和我将出书和拍电影获得的全部利润捐给了一个非营利性质的组织，该组织致力于影响美国民众观念，争取他们对于应对全球变暖行动的支持。

经过三十多年对于气候危机的不断了解，我有很多的东西想要和大家分享。我力图把故事讲述得能引起各种读者的兴趣。我希望看到我的书或者电影的人能够和我一样感受到，全球变暖并不是一个政治话题，而是一个道德话题。

虽然必须承认政治有时在该问题的解决中扮演重要的角色，但我们现在面临的挑战必须完全超越党派界限。所以，无论你是民主党人还是共和党人，无论你是否投票选了我，我都希望你能理解我的目标是和你分享我对地球的热爱以及对其命运的担心。这两点密不可分，如果你知道了一切事实，就可以感受到。

我还希望你们能知道，在这场人类共同的危机中，我们面对的不仅仅是警示，同时也是希望。正如很多人所知道的，汉语中"危机"一词有两个意思，一是"危险"，二是"机遇"。

事实上，这是一个真正意义上的全球性危机。100个国家的2 000位科学家在最为精细和组织有序的领域合作了二十多年，达成了共识，即地球上所有的国家必须合作来解决全球变暖的问题。

现在大量证据表明，除非我们大胆而迅速地来处理全球变暖的基本成因问题，否则我们的世界将遭受一系列可怕的灾难，在大西洋和太平洋会有比"卡特里娜"更猛烈的飓风。

我们使得北极的冰帽融化，事实上，也让高山冰川消融。我们使格陵兰以及西南极洲岛屿上的大面积积雪处于不稳定状态，全球海平面将有上升20英尺（约6米）的危险。

同样受到全球变暖威胁的还包括构造稳定的洋流和风流，早在大约一万年以前，在第一批城市建立起来之前，它们就已经存在了。

我们向地球环境中排放了过多的碳氧化物，以至于实际上改变了地球和太阳之间的关系。海洋已经吸收了太多的二氧化碳。如果以现在的速率继续排放的话，我们将增加海水中碳酸钙的饱和度，以至于珊瑚无法形成，任何海洋生物壳的生存都将受到影响。

全球变暖，还有人类对森林以及其他重要栖息地的砍伐烧毁，使得物种消失的速度可以和6 500万年前恐龙灭绝的程度相比。而那次灾难据说是由巨大的小行星造成的。当今，并没有小行星撞击地球，带来浩劫的正是人类自己。

去年，11个最有影响力的国家科学院联合号召每个国家"承认气候变化的威胁确实存在而且正在升级"。并且声明"对气候变化的科学解释已经足够促使各国采取合适的行动"。

这一切足以说明，警钟已经敲响，危险已经来临！

为什么我们的领导人们好像没有听到如此清晰的警告呢？简而言之，是否因为他们不愿意听到真相？

如果真相不受欢迎，那就很容易被忽视。

但是我们从历史的痛苦教训中得知，忽视真相的后果很可怕。

例如，我们最早得到警告，由于飓风"卡特里娜"的袭击，新奥尔良的防洪堤将倒塌，但是这些警告并没有引起注意。之后，国会成员中的一个两党联合组织，由众议员汤姆·戴维斯担任主席，他也是众议院政府改革委员会的主席，在一份官方报告中说道，白宫未能对大量的信息做出反应，缺乏环境意识和判断失误，在事实上加剧了飓风"卡特里娜"造成的灾难。

今天，我们听到也看到人类文明将有可能面临最可怕的灾难，那就是不断恶化的全球气候危机，其危险程度会迅速超过我们以往所遇到的任何情况。

但是即使这样，这些清晰明确的警告却因总统和议员"缺乏环境意识"而被忽视。

正如马丁·路德·金在遇刺前不久的一次演讲上所说的：

"朋友们，我们现在要面对的事实是，明天就是现在。我们面对的是猛烈而紧急的现状。在生命与历史的难题揭晓之时，有一样东西叫做'太迟了'。拖延等于盗窃时间。人生总使我们赤裸地站立，为丧失机会而灰心沮丧。人类万物之潮水不总是盈满，也有低潮的时候。我们也许会绝望地呐喊，希望时间能停下脚步，但是时间固执不理会恳求，继续匆匆前进。

"累累的白骨以及无数文明的碎片都记载着悲惨的话语'太迟了'。冥冥中，有一本无形的生命之书，忠实地记载着对我们忽略行为的警示。奥玛·海亚姆 (1048-1122，伊斯兰诗人，其诗富有哲理。——译者注)说得对：'立即行动，否则太迟。'"

虽然全球变暖潜藏危险，这场危机中也蕴藏着前所未有的机遇。

这样的危机带来了怎样的机遇呢？会带来新的就业机会和利润，但是机遇远不仅仅包括这些。我们能制造清洁的发动机；我们能利用太阳与风能；我们能不再浪费能源；我们能在不使地球变暖的前提下利用充足的煤炭资源。

拖延者和否定者试图让我们相信把握这些机遇需付出的代价是多么昂贵。但是最近几年，几十个公司在削减了温室气体排放的同时还节省了成本。全球一些最大的公司大刀阔斧地行动，希望能抓住未来清洁能源所带来的巨大商机。

如果我们做出正确的选择，还能获得更加可贵的东西。

气候危机赋予了我们机会，去体验历史上很少有哪代人能了解的一种时代使命，一种规范道德所带来的愉悦，一种共享且统一的事业，一种为环境所迫而停止偏狭与冲突所带来的振奋——偏狭与冲突遏制了人类追求卓越的需求，总之，一种升华的机会。

当我们得到升华的时候，我们精神焕发，紧密地团结在一起。因愤世嫉俗以及绝望而窒息的人们将可以自由呼吸。因人生失去意义而遭受痛苦的人们将重新找到希望。

当我们得到升华的时候，我们将经历一次良心的顿悟：这场危机与政治无关，而是一次对道德的叩问，对灵魂的考验。

人类的文明和地球都岌岌可危。正如一位知名科学家所讲的，我们即将遇到的问题是人类这个大拇指和新大脑皮质的结合物在地球上是否能继续存在下去。

这种自我认识将赋予我们能力来承担其他相关的挑战，其中包括：艾滋等杀伤性传染病，全球贫困，正在进行中的全球从穷人到富人的再分配过程，在达尔富尔正在发生的种族灭绝，在尼日尔等地发生的饥荒，漫长的内战，海洋渔业的破坏，不和谐的家庭，缺乏沟通的集体，美国民主的腐败，重归封建制的大众论坛。

回想一下在全球法西斯横行的年代里发生了什么。最初，即使是关于希特勒的真相也是人们不愿面对的。西方很多人希望危险会自行消失。他们忽视了清晰的警告，并且向邪恶妥协，等待着，希望最好的情况出现。

等到慕尼黑和谈之时，丘吉尔说过："这只是饮了一杯苦酒的第一小口，这苦酒将年复一年地提供给我们，直到我们重新恢复道德、健康和活力，我们重新审视自我，站在支持自由的立场上。"

但是，英国然后是美国和其他盟国最终团结起来面对威胁，我们一起赢得了同时在欧洲以及太平洋进行的两场战争。

在那场可怕的战争接近尾声的时候，我们获得了道德权威的支持来起草马歇尔计划，并且说服了纳税人为其支付费用！我们获得了力量和智慧，来重建日本和欧洲，并且启动战败国的振兴计划，这为未来五十年的和平与繁荣奠定了基础。

现在我们依然面临一个道德的紧要关头，一个十字路口。根本上，它不仅仅是关于科学讨论或者政治对话的问题，而是关于人类的生存，关于人类能否超越自我，迎接这个新情况的问题。用心感受，用眼观察，我们呼唤回应。这是一种道德上、伦理上、精神上的挑战。

我们不应该惧怕这次挑战，相反，我们欢迎它的到来。我们不能坐以待毙，正如马丁·路德·金所说的，"明天就是现在。"

我的序言以十七年前让时间停顿的一场经历开始。在那段痛苦的时光中，我有了前所未有的一种体会，那就是我们和孩子之间的珍贵关系，以及我们保障他们未来并保护将遗留给他们的地球的庄重义务。

请各位和我一同想象，对我们所有人来说，时间都已经停止了。在时间之轮重新转动之前，我们有机会超越时空，来到未来十七年后，于2023年和我们的子孙做一次短暂的交谈。

他们是否会恨我们，因为我们没有担当起保护地球我们这个共同家园的义务？那时的地球是否已被我们不可逆转地损害？

现在想象一下我们的子孙在质问我们："你们那时在想什么？难道不关心我们的未来么？你们当年是不是太过自私，不能或者不愿意停止破坏地球环境？"

那时，我们将怎样回答？

我们现在就能以实际行动，而不仅仅是虚无缥缈的承诺来回答未来子孙的质问，在这一进程中，我们可以选择一个造福子孙的未来。

这张照片第一次让我们大多数人得以从太空遥望地球。照片摄于1968年圣诞前夜，"阿波罗8号"执行飞行任务期间。这是"阿波罗"飞船第一次执行逸出地球轨道，环绕月球寻找着陆点的任务。第二年夏天"阿波罗11号"就登上了月球。

正如预料的那样，"阿波罗8号"飞船绕行到遥远的月球背面时失去了无线电信号。虽然每个人都知道长时间无信号的原因，但还是不可避免地感到不安。无线电通讯恢复之后，队员们抬头看到了这幅壮观的景象。

当队员们看着地球从黑暗虚无的宇宙中显现出来之时，任务指令长弗兰克·博尔曼诵读着《创世记》里的话："起初神创造天地。"当时在飞船上一位叫比尔·安德斯的新人宇航员，拍下了这张名为《地球升起》的照片。这幅图像深入人心。事实上，接下来的两年内，现代环保运动兴起。《清洁空气法案》、《清洁水法案》、《国家环境政策法案》以及第一个地球日都是在这张照片面世之后几年内颁布的。

1968年圣诞节，在拍摄照片的第二天，阿奇波德·麦克利许写道："看到地球的真容，一颗小小的蓝色美丽星球，漂浮在永恒的寂静里。这就好像看到我们大家在地球上齐肩并进，如手足一般地生活在永恒寒冷宇宙里的明亮可爱的星球上。我们现在知道了我们是真正的兄弟。"

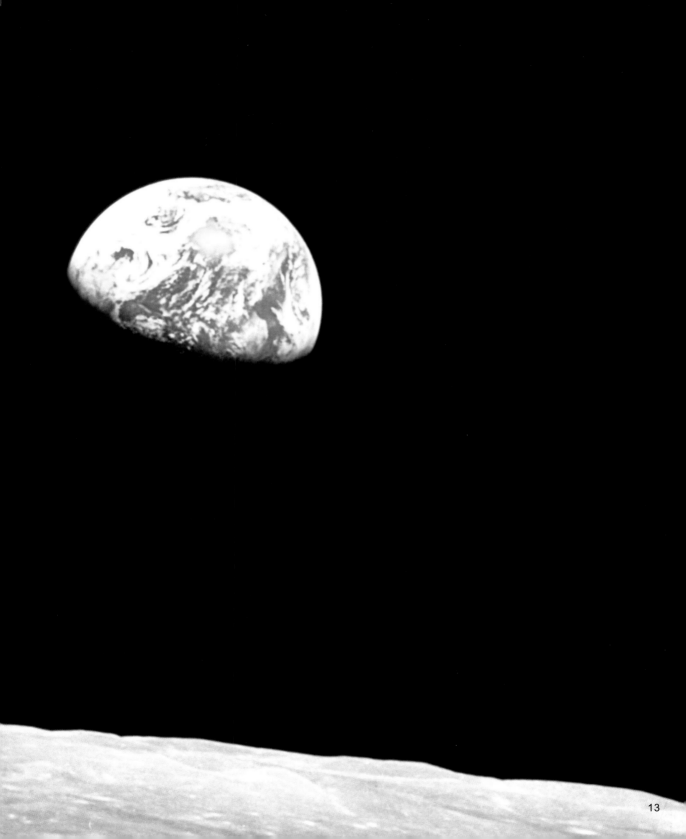

这张从太空拍摄的地球照片，摄于1972年12月，"阿波罗17号"飞船执行飞行任务期间。这是最后一次阿波罗任务，拍摄点在地球与月球的中间。

这张照片之所以与众不同，是因为这是唯一一张当太阳处于飞船的正后方时，从太空拍摄的地球照片。

因为只有当地球太阳月亮位于同一条直线上的时候，才可能发生日食，所以这种现象出现的几率很小。同理，这是四年内一系列阿波罗任务中，唯一一次当飞船航行时，太阳几乎在月亮的正后方。所以地球没有任何部分隐藏在黑暗里，而是通体光明。

正因为这个原因，这张照片成为历史上最常刊登的照片。任何其他照片都不能与之相比。事实上，你看到的100张地球照片中，99张都是它。

这些神奇的地球图像的制作者是我的一位朋友，汤姆·范·桑特。他从卫星三年来拍摄的 3 000 幅照片中精心挑选出一些地球表面没有云雾覆盖的，然后用数码的手段将这些照片合成为一张球体各个表面都清晰可见的地球图片。

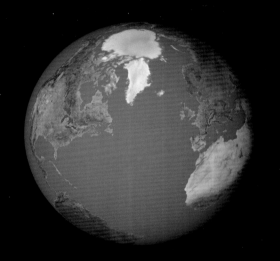
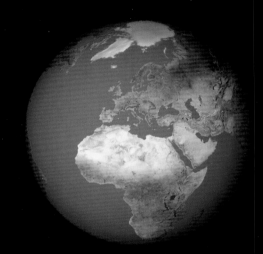

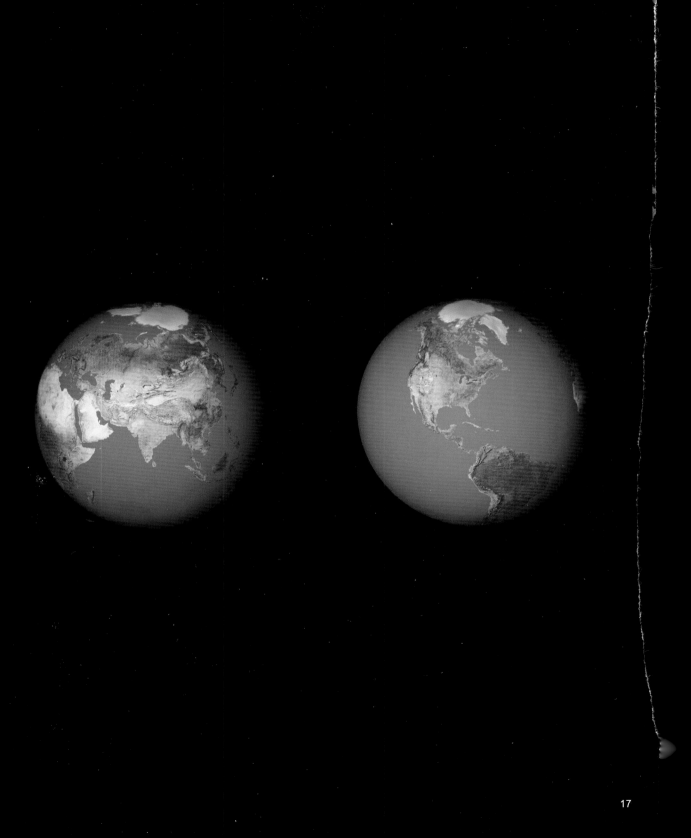

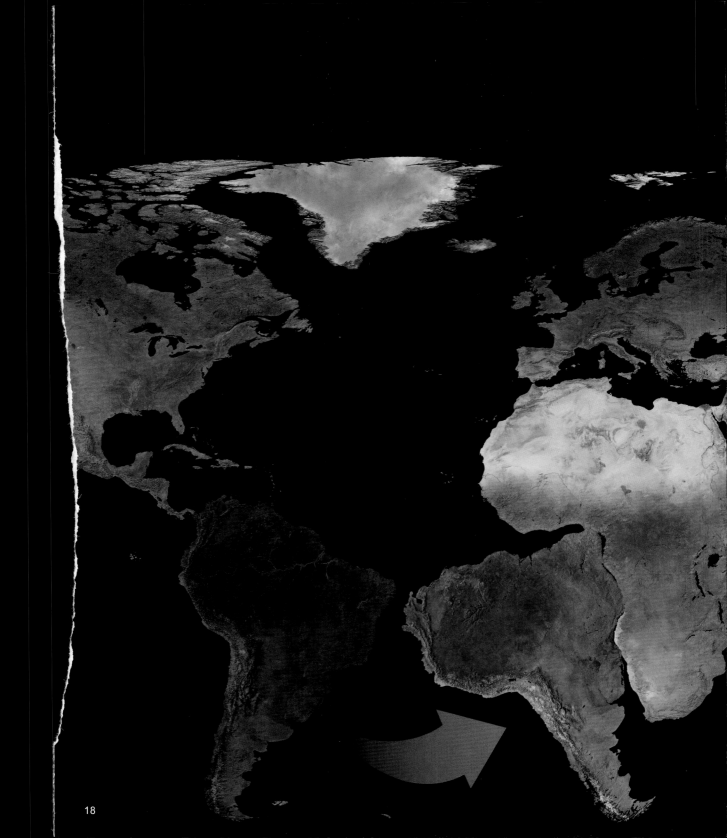

我和你们分享这幅图片的目的是想谈谈我的两位老师。第一位是我小学六年级时的老师，他教地理的方式是在黑板前拉下一幅世界地图。我的一个同学举起手提问，他指着南美洲东海岸以及非洲西海岸，问道："这两个洲能拼合到一起么？"老师回答："当然不能！这是我听过的最荒谬的事情。"

　　那位六年级老师理所当然地认为：各大洲太大了，显然它们无法移动。

　　现在我们知道，各大洲的确移动过，并且它们曾经拼合在一起，在几百万年前漂移分开，而且现在它们依然在移动中。

能同时看到地球各个部分的唯一方法，就是将图像平摊到一个平面上。这种方式叫做投射，但是这会不可避免地造成各大洲形状和尺寸上的一些扭曲，尤其是在南极洲以及北极圈附近。但是这幅图像是根据范·桑特用来制作那些惊人地球图片的 3 000 张照片而来的。

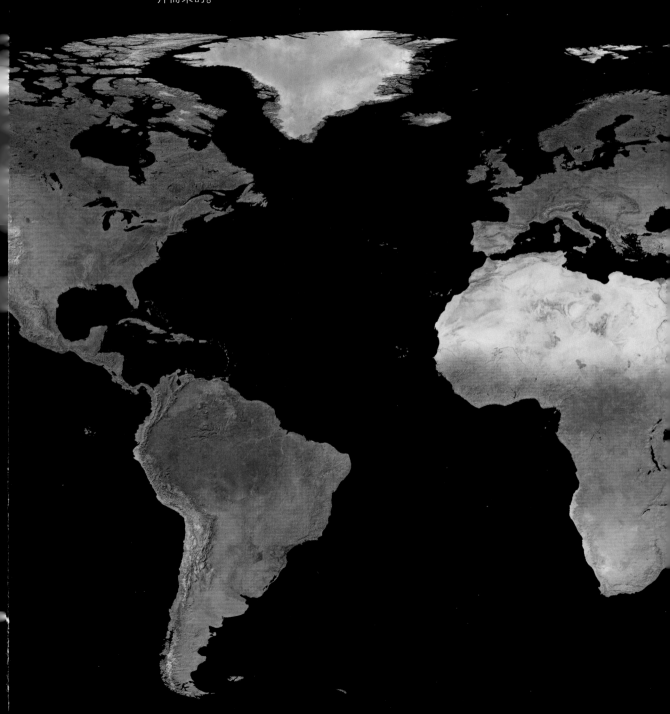

这幅图已经成为经典,被众多地图册以及《国家地理》杂志所采用。

那位老师所犯错误正如马克·吐温在其著名格言里所描述的：

> **问题经常来自于你深以为然但不尽然的地方，而不是你不知其然的地方。**

IT AIN'T WHAT YOU DO
YOU INTO TROUBLE.
FOR SURE THAT JUST

N'T KNOW THAT GETS

T'S WHAT YOU KNOW

AIN'T SO.

这实际上是很重要的一点，因为另外有一个类似的假设。这个假设是全球暖化问题并不存在。他们错误地认为地球如此之大以至于人类无法对其生态系统的运作施加任何重大影响。那样的断言可能曾经是正确的，可现在却不是这么回事了。世界人口数量已变得如此巨大，并且我们的科技变得如此强大以至于我们现在足以在地球环境的诸多方面产生重要影响。地球生态系统的最脆弱之处在于大气层。它很薄，所以脆弱。

　　我的朋友、已故的卡尔·萨根曾经说过，"如果你在一个球状物上覆盖一层清漆，与地球相比，清漆的厚度相当于地球大气层的厚度。"

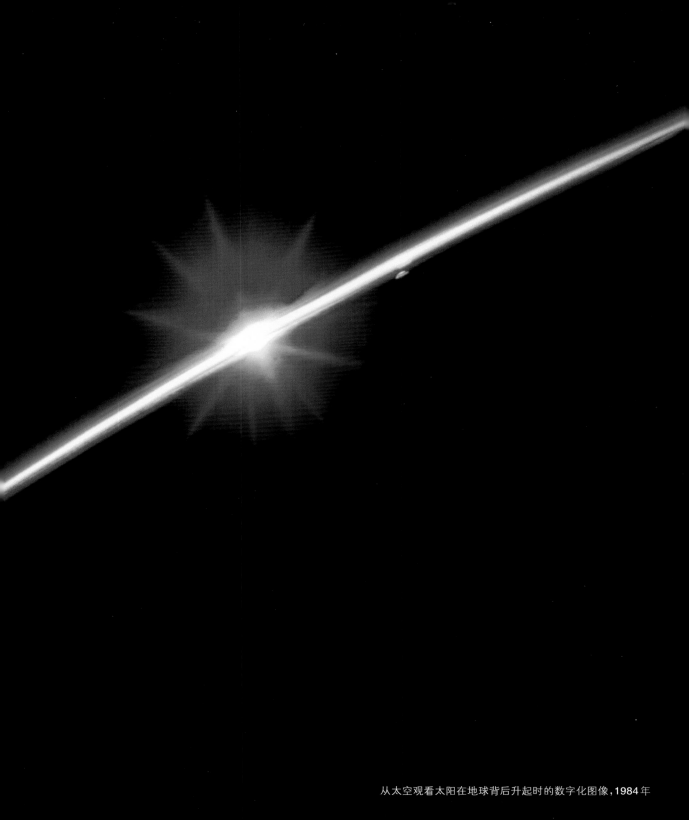

从太空观看太阳在地球背后升起时的数字化图像，1984 年

大气层
薄到
我们能够改变它的成分。

确实，地球的大气层如此之薄，以至于我们能够大幅度地改变一些基本分子成分的密度。尤其是，我们已经在很大程度上增加了二氧化碳的含量——所谓的温室气体中最重要的组成部分。

这些图像阐释了全球变暖的基本原理。

太阳辐射以光波的形式进入大气层并为地球带来热能。其中的一些辐射被吸收使地球变暖，另一些则以红外线的形式反射回太空。

在通常情况，一部分向外侧发散的红外线辐射自然地被大气层挡住，留在大气层里面。这是一件好事。因为它使得地球上的温度始终保持在舒适的范围内。金星上的温室气体如此之厚以至于它的表面温度高得让人类无法承受。火星周围的温室气体基本上是不存在的，所以那儿的温度又太冷了。这就是为何地球有时被视为完美的星球：这里的温度不冷也不热。

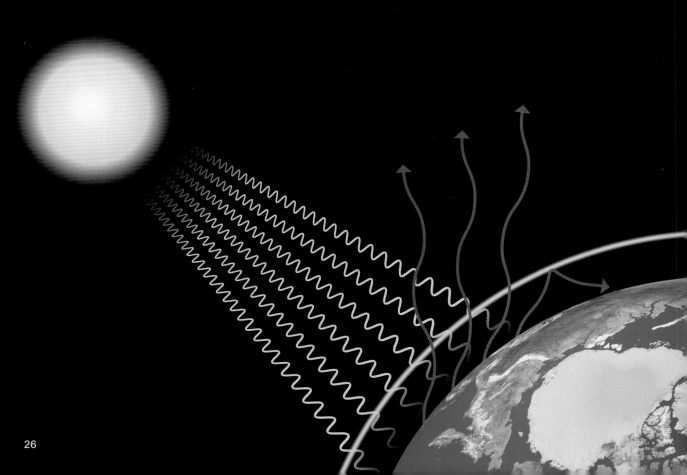

我们现在面临的问题是,这层薄薄的大气层正因为人类制造的大量二氧化碳及其他温室气体而逐渐增厚。在它增厚的同时,会困住更多本应通过大气层反射回太空的红外线。

其结果是,地球大气层和海洋的温度将会升高。这就是我们所说的气候危机。

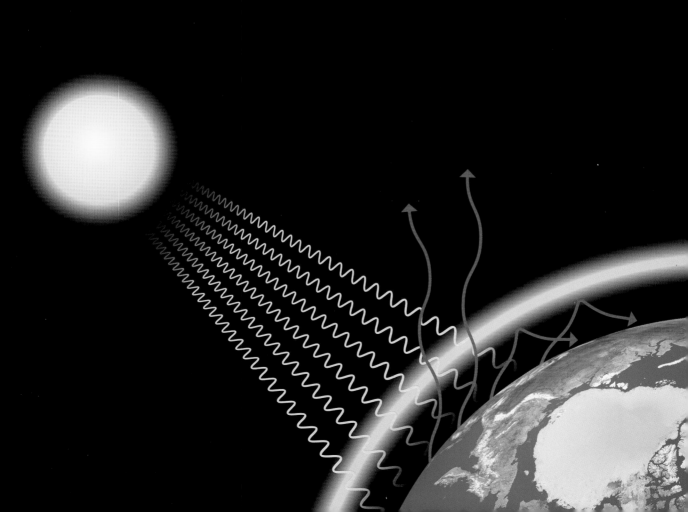

温室气体到底是什么?

当我们谈到温室气体和气候变化,二氧化碳常常引起最广泛的关注。虽然二氧化碳是目前为止温室气体中最主要的成分,但也有其他一些气体。

所有温室气体的共同点是它们允许太阳光线射入大气层,但是会吸收一部分向外发射的红外线辐射并令大气变暖。

拥有一定数量的温室气体是有益的。没有它们,地球表层的平均温度就只能在华氏0度(摄氏-18度)左右,那将不是一个适合人类居住的地方。温室气体可以帮助地球表面温度保持在一个更宜人的水平——近华氏59度(摄氏15度)。但是随着人类活动产生二氧化碳浓度的不断增加,地球平均温度正在不断升高并造成气候的危险变化。

二氧化碳通常是导致这场危机的罪魁祸首,因为它占了温室气体排放量的80%。当住家取暖,汽车、工厂、核电站燃烧石油、天然气和煤等化石燃料时,当砍伐或烧毁森林时,当生产水泥时,我们就把二氧化碳排放到了大气层中。

和二氧化碳一样,沼气和一氧化二氮都先于人类存在于地球上,但是人类的存在却让它们的含量急剧增加。现在大气中60%的甲烷都是由人类活动造成的。它来自于垃圾、牲畜饲养业、化石燃料的燃烧、废水处理和其他一些工业。在大规模的牲畜饲养业中,存放在巨槽里的厩肥释放出甲烷。相比而言,留在田野里的肥料则不会。一氧化二氮——温室气体的另外一个罪魁祸首——同样是自然产生的,虽然在工业化期间,我们已经通过肥料、化石燃料、森林焚烧以及庄稼残渣使得大气层的一氧化二氮含量增加了17%。

六氟化硫、氟碳化合物以及氢氟碳化合物都是人类活动所产生的温室气体。这些气体的排放量也在增加。氢氟碳化合物是氟碳化合物的替代品。氟碳化合物被禁用是因为它应用于冷藏系统和其他方面时都在破坏臭氧层。氟碳化合物仍然是非常重要的温室气体。氟碳化合物和六氟化硫通过炼铝、半导体制造及照亮城市的电网等工业活动释放到空气中。

水蒸气也是一种天然温室气体,它随着气候变暖不断增加,从而加剧了人类活动造成的温室效应。

正是这个图像让我第一次考虑并关注全球变暖问题。这张图表出现在我选修的大学本科课程，教这门课的是我想讲给你们听的第二位老师：罗杰·雷维尔。

　　罗杰·雷维尔教授是提出测定地球大气层中二氧化碳含量的第一位科学家。他和他聘请来主持研究小组的科学家查尔斯·戴维·基林在1958年就开始每天讨论如何测定太平洋中央，夏威夷大岛上空的二氧化碳含量。

　　几年过后，他们已经有足够的数据来绘制出这张图表，罗杰·雷维尔教授将这图表展示给了我所在的班级。即使在他们的实验早期，我们也可以明显地看到地球大气层二氧化碳的浓度在以极快的速度增加。

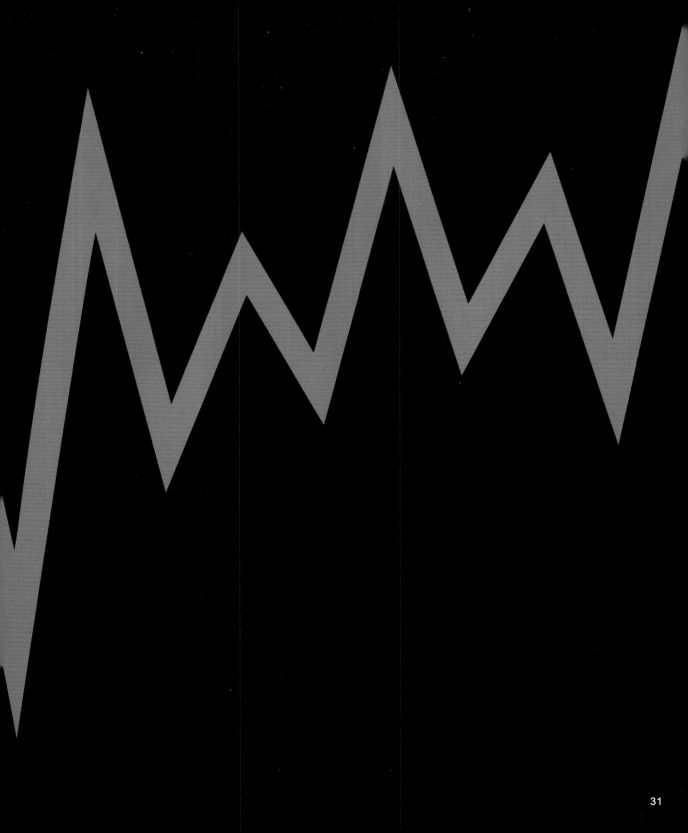

我问雷维尔教授为何二氧化碳浓度的标示线每年急剧升高,然后又下降。雷维尔教授解释道,正如这幅图所示,地球绝大部分的大陆都在赤道以北。所以,地球的绝大部分植被也在赤道以北。

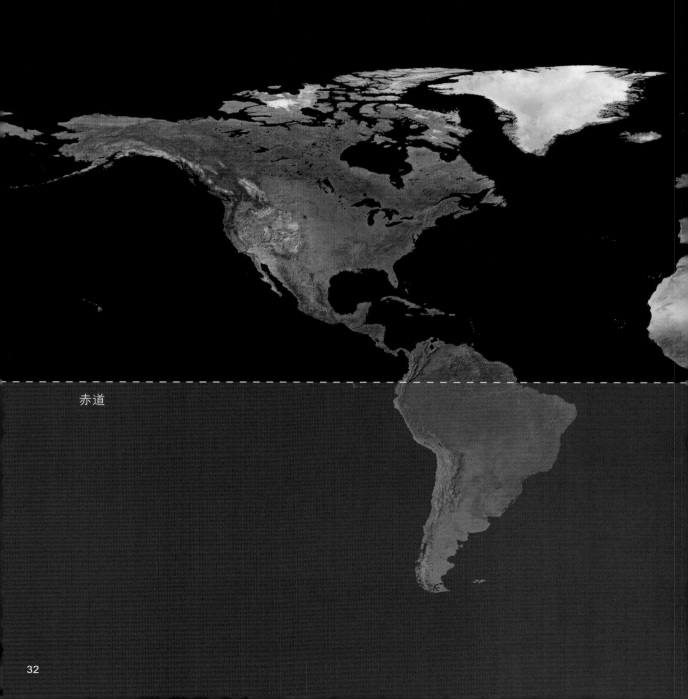

赤道

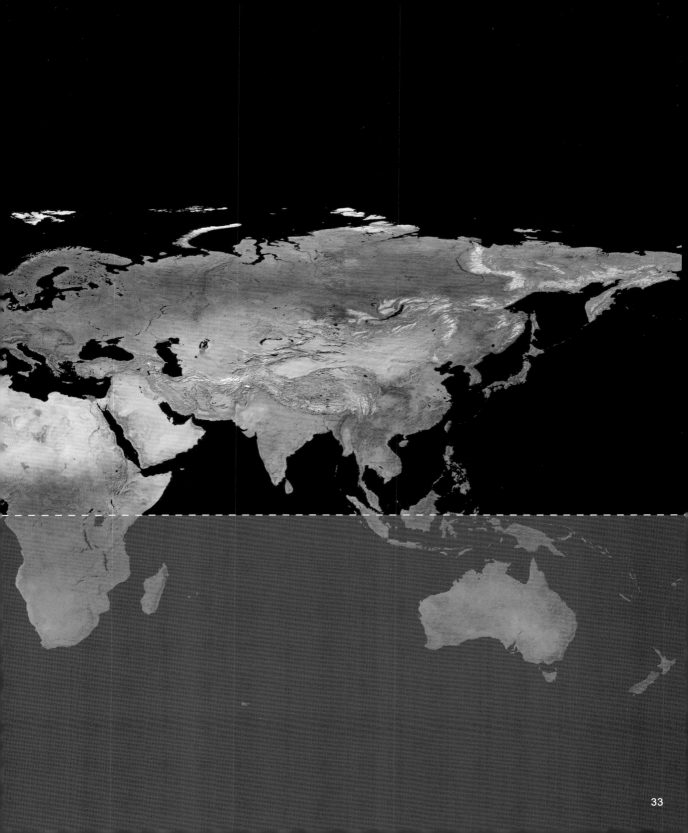

其结果是,在春夏季,当北半球向太阳倾斜时,树叶长出来了,它们吸收二氧化碳,所以全球总体的二氧化碳数量就减少了。

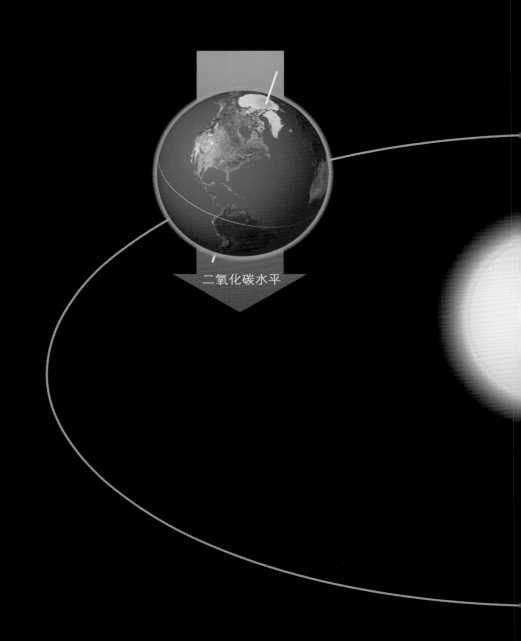

二氧化碳水平

但是，当北半球在秋冬偏离太阳时，树叶落地，
碳。大气中二氧化碳的含量随之回升。

二氧化碳水平

冒纳罗亚天文台观测到的大气层里的二氧化碳浓度

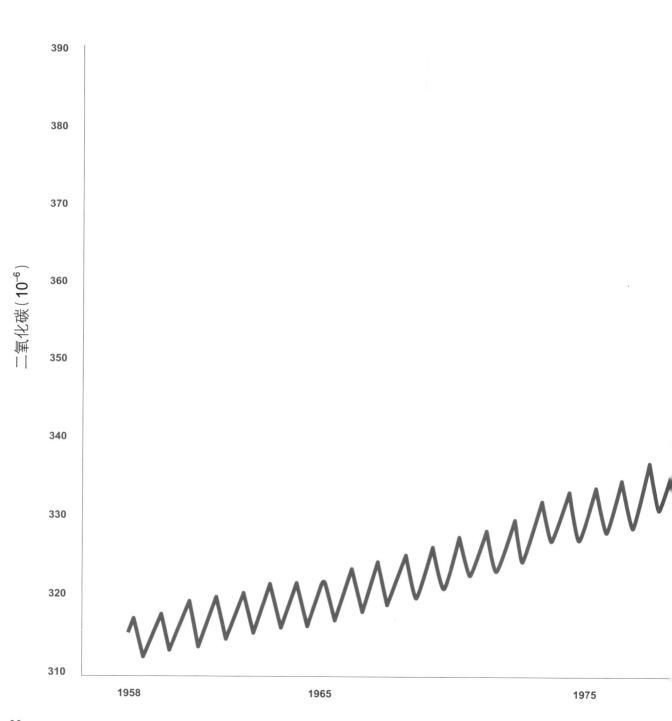

雷维尔教授对二氧化碳的测定在近半个世纪的时间里都年复一年地持续着。上述二氧化碳浓度持续增长的模式在雷维尔教授测定的最初几年就已显现出来。这组数据如今成为自然科学史上一系列最重要的测量结果之一。

　　在前工业时代的二氧化碳浓度是百万分之二百八十。在 2005 年，在冒纳罗亚火山所测的二氧化碳水平达到了百万分之三百八十一。

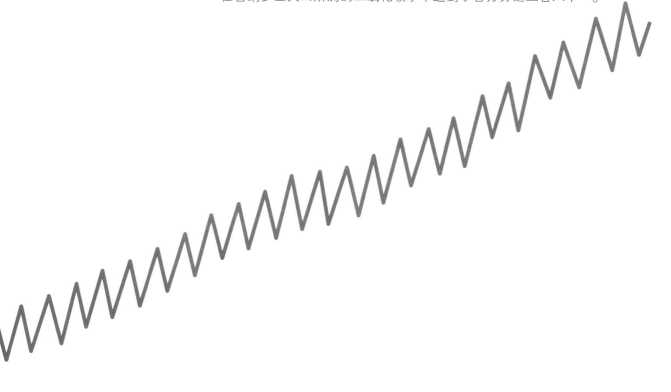

1985	1995	2005

资料来源：(美国) 国家海洋和大气局 / 美国加州斯克利普斯海洋研究所

一位科学英雄
罗杰·雷维尔

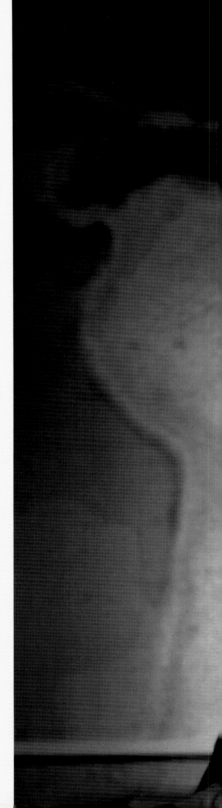

　　作为20世纪60年代的大学本科生，我受教于一位真正杰出的科学家，罗杰·雷维尔教授。他是提出测量地球大气层中二氧化碳含量的第一人。

　　雷维尔是令人难忘的人物。他看起来拥有着一种不同寻常的权威气质，并且总是能博得共事人的尊敬。原因之一是，他不仅是个魅力超凡的老师，他首先还是个执著于系统实验的科学家，对于收集的大量数据他总是耐心而理性地加以分析。

　　在20世纪50年代，雷维尔提出了一个科学家们所谓的假定，但在我看来这却是个极具预知性的远见。他清楚地看到，第二次世界大战（以下简称二战）后人口暴增以及煤和石油的大量使用带来的全球性经济膨胀很可能导致地球大气层二氧化碳含量前所未有的激增。

　　所以他提出并设计了一种大胆的新型科学实验法：在未来多年里在地球不同的高处每天搜集大气层的二氧化碳浓度样本。

　　雷维尔充分利用于1957年开始的国际地球物理学年得到的赞助，聘了年轻的研究员查尔斯·戴维·基林作为他的助手。在冒纳罗亚峰顶，即夏威夷大岛上两座宏伟火山中海拔较高的那个，他们建立了第一个研究站。他们把地点选在太平洋中央，因为从那儿搜集的样本免受地方工业辐射的污染。

　　一年后，他们开始放飞气象气球并且不辞辛劳地分析他们每天搜集的空气样本中的二氧化碳含量。不到几年，二氧化碳增长的趋势就非常明显了。

　　直到1968年，当我第一次走进他的自然科学教室时，雷维尔教授已经成为一名哈佛教授，他与我们分享着

罗杰·雷维尔教授

该图片是我的一个朋友卡尔·佩兹在2005年飞过乞力马扎罗山上空时所摄。

乞力马扎罗山,2005年

我另一个朋友罗尼·汤普森，在俄亥俄州立大学工作，是世界冰川学家中的佼佼者。如下图所示，2000年，他屹立于乞力马扎罗山之巅，指着身旁矗立着的一块残冰，向世人预测：乞力马扎罗山的雪在10年之内将不复存在。残冰所在的那片冰川曾经令世人喟叹，而今只剩残骸，着实令人哀痛。

世界上几乎所有的冰川都在融化，
其中很多融化得特别快。
我们应从中得到一些启示。

阿根廷巴塔哥尼亚地区，贝利都·莫雷诺冰川，2003年

图中红色曲线反映了1980年以来阿拉斯加地区哥伦比亚冰川的退缩情况。

1997年威廉王子湾哥伦比亚冰川的消融量

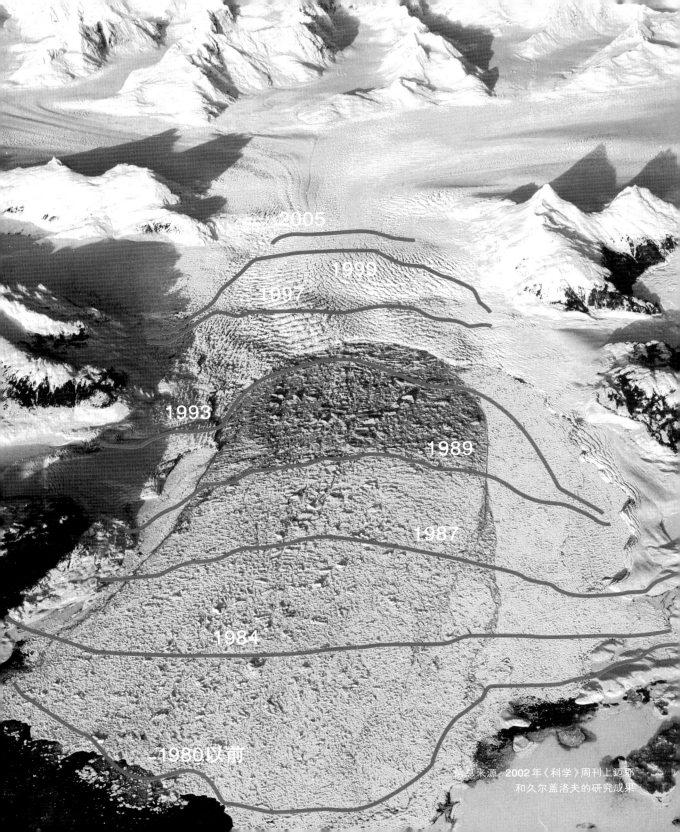

2005

1999

1997

1993

1989

1987

1984

1980以前

信息来源: 2002年《科学》周刊上迈耶
和久尔盖洛夫的研究成果

同样的故事发生在世界上各个角落。南美洲的安第斯山脉
也不例外。

这是仅28年前位于秘鲁境内的一座冰川。

秘鲁的科瑞卡里斯冰川，1978年

2006年，同一地点呈现出的景象。

科瑞卡里斯冰川，2006年

类似的故事也发生在整个阿尔卑斯山上。这是一张瑞士旧明信片，描绘了上个世纪初一座冰川的风景。

今天，那里是这样一种景象。

瑞士奇迹瓦冰川，1910年

奇迹瓦冰川，2001年

下图是著名的瑞士望景楼旅馆，坐落于罗讷冰川之上。

大约一个世纪过去了，旅馆依旧耸立，冰川却早已不再。

瑞士罗讷冰川，望景楼旅馆，1906年

罗讷冰川，望景楼旅馆，2003年

这是 1949 年的罗塞格冰川。

2003 年的罗塞格冰川。

瑞士罗塞格冰川，1949 年

罗塞格冰川，2003 年

现在呈现在你眼前的是一个世纪以前的阿尔卑斯山。

同样的地点，截然不同的景象。

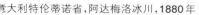
意大利特伦蒂诺省，阿达梅洛冰川，1880 年

阿达梅洛冰川，2003 年

喜马拉雅冰川群，坐落于青藏高原上，是受全球变暖影响最大的地区之一。它的含冰量是阿尔卑斯山的 **100** 倍。作为亚洲七大水系的发源地，该冰川群为世界上 **40%** 的人口提供了一半以上的饮用水。

而半个世纪以内，这 **40%** 的人口将可能面临非常严重的饮用水短缺危机。唯一的解决办法是：世界人民大胆而迅速地采取行动，缓解全球变暖。

印度河

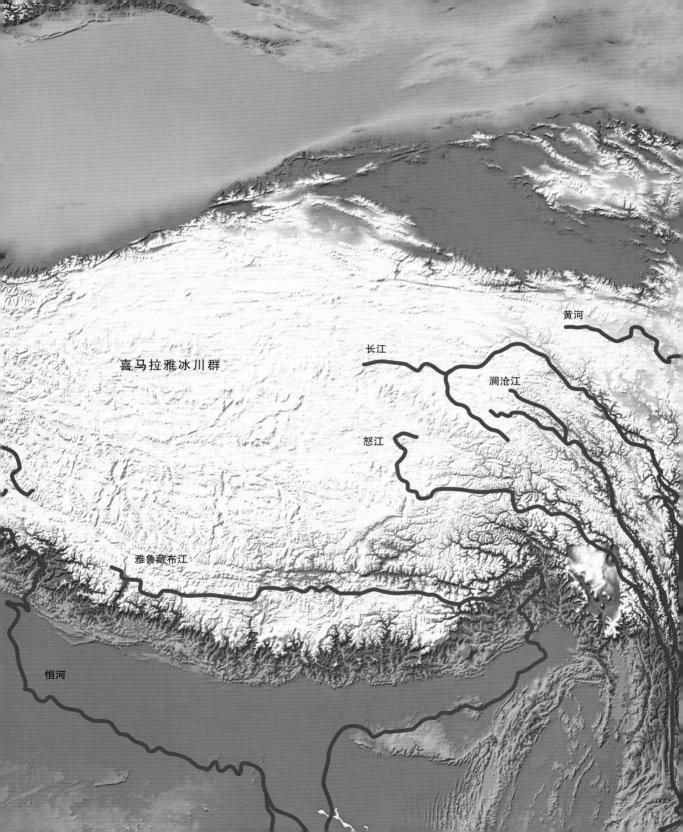

科学家罗尼·汤普森带领他的队伍登上过许许多多的冰川顶端，足迹遍布世界各地。他们用取芯钻具深挖冰层，提取长冰柱，对这些日积月累历经几个世纪才形成的冰层进行研究。

2002年，汤普森带领的俄亥俄州立大学
考察队在阿拉斯加州伯纳丘吉尔山坳扎营。

左图：1993年秘鲁瓦斯卡兰雪山上，汤普森的队友们正在给冰层"取芯"

右图：汤普森考察队里的一名研究学者。坦桑尼亚乞力马扎罗山，2000年

随后，罗尼和他的专家组开始分析空气被降雪掩埋继而形成的微小气泡，测量过去每年地球大气中二氧化碳的含量，并通过计算氧同位素的比率（氧16和氧18），来测量每一年大气的准确温度，因为这个比率本身就是一个高度精确的温度计。

冰雪层随年份变化而不同，形成了清晰的分界线。专家组通过观察这些分层来及时追溯冰河的年际变迁，正如森林研究者可以"阅读"树木的年轮。这些冰封的记录记载着冰河的历史。

右图的温度表反映了过去1 000年中北半球的温度变化。

蓝色代表冷，红色代表热。图表底部表示的是1 000年前，顶部是目前的情形。

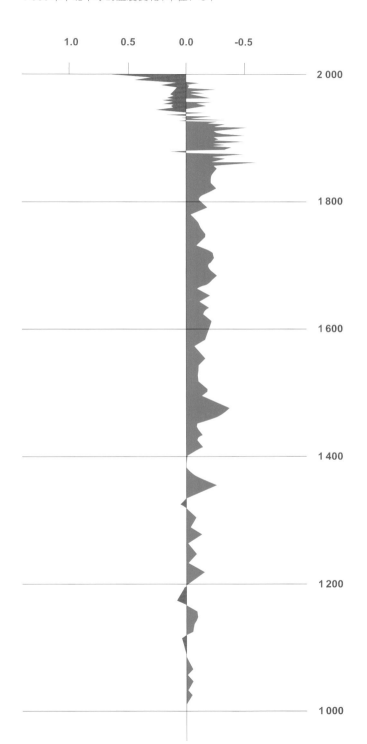

1 000年中北半球的温度变化（单位：℃）

1977年秘鲁魁尔克亚所看到的冰帽冰层的年际变化

根据汤普森考察组的"冰芯记录"(冰芯 ice core，也译作冰核)，过去1 000年中，地球温度与二氧化碳浓度之比令人震惊。

然而，那些所谓的全球变暖怀疑论者却经常说全球变暖是危言耸听，认为它只不过是大自然周期性波动的正常表现罢了。为了证明自己的观点，他们一次又一次地提到"中世纪暖期"。

但是汤普森博士的温度表显示，被夸大的中世纪暖期与过去50年来温度的升高相比，可谓小巫见大巫。下图中从左数第三个红色小凸起代表中世纪暖期的温度，而最右侧的红色高峰则代表后者。

1 000年中北半球的温度变化(单位：℃)

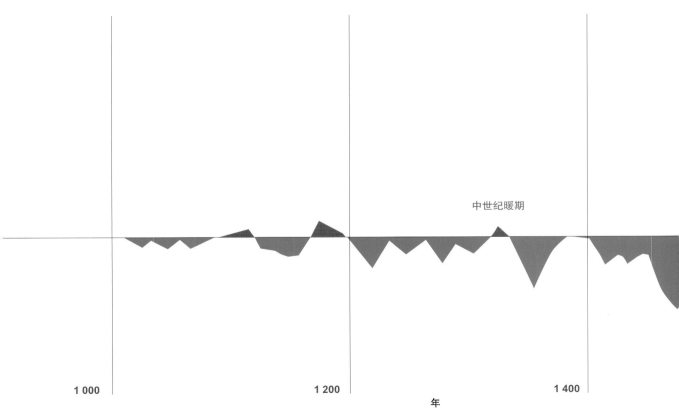

中世纪暖期

1 000   1 200   1 400

年

如今那些怀疑论者数量递减,速度之快与高山冰河消亡的速度不相上下。他们又对另一项测量发出了猛烈抨击,也就是最近 1 000 年的气候模式"曲棍球棒"。这是气候学家迈克尔·曼及其同事对二氧化碳和温度对比进行研究得出的。但事实上,许多科学家都以诸多方法证实了同样的基本结论。其中,汤普森的"冰芯记录"最具权威性。

图为冰河学家正在移出一块冰芯。南极洲,1993 年

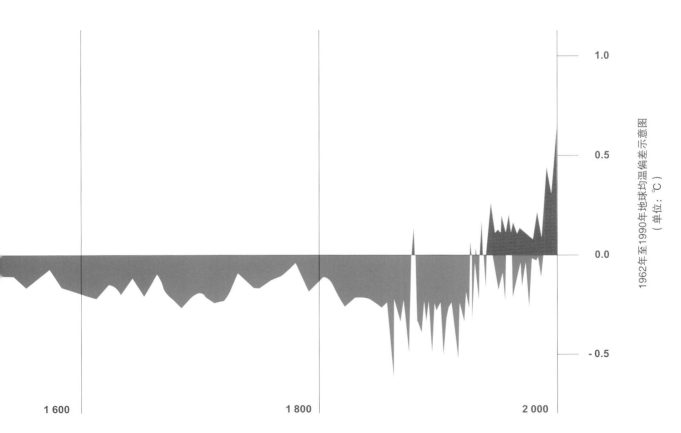

1962年至1990年地球均温偏差示意图
(单位: ℃)

1.0
0.5
0.0
- 0.5

1 600　　　　　　1 800　　　　　　2 000

资料来源: 政府间气候变化专门委员会

科学家对南极洲二氧化碳浓度和温度的测量跨越了65万年。

以下图表中的蓝色曲线描述了这期间二氧化碳浓度的走势。

图中右侧蓝线末端呈上升趋势，代表现代，从右向左的第一个低谷代表最近的一个冰期。以此类推，我们可以看到最近的第二个、第三个和第四个冰期等等。各冰期中间的曲线代表各暖期。

在过去的65万年中，一直到前工业化时代到来之前，二氧化碳浓度从未超过300/1 000 000 (0.3‰)。

图中灰色曲线反映了这65万年中地球温度的变化。

这里有一个很重要的问题。还记得我那位小学六年级的同学吗？他曾问过老师一个关于南美洲和非洲大陆的问题。如果看到这张图表，他肯定会问："南美洲和非洲大陆可以拼合成一块吗？"

科学家会这样回答："是的。他们可以拼合成一块。"

二氧化碳浓度与温度的关系比较复杂，但是其中最重要的一点是：大气中二氧化碳增多，就会吸收更多的太阳热量，使得大气温度升高。

二氧化碳浓度测量结果

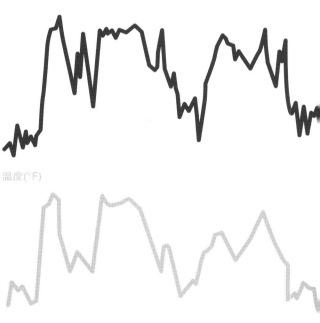

温度(°F)

600 000   500 000

资料来源：《科学》杂志

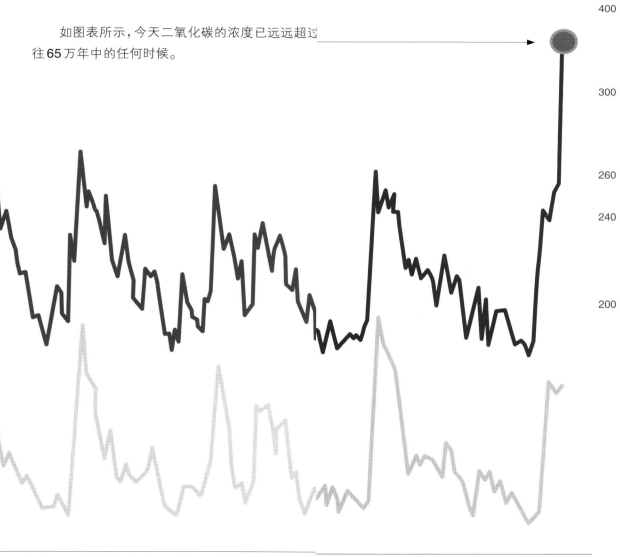

如图表所示，今天二氧化碳的浓度已远远超过以往65万年中的任何时候。

600

400

300

260

240

200

二氧化碳（10⁻⁶）

平均偏离值

300 000　　　　　　200 000　　　　　　100 000　　　　　　0

年代（现在之前的年代）

转折点

我得到的不仅仅是重新开始的机会，而是一种责任，要求我去关心真正重要的东西。

不管过去多少年，一些事情总会留在你的脑海中，改变着你对世界的看法。对于我来说，儿子幼年时遭遇的一次严重事故就是这样。那是一个为人父母者的梦魇，叫我永生难忘；我的生活也因此而发生了翻天覆地的变化。

那是1989年4月初的一个明媚春日。我和蒂帕带着儿子去观看在巴尔的摩举行的金莺队棒球开季赛。我们玩得很尽兴。离开运动场的时候，是我牵着儿子的手。艾伯特刚六岁，小家伙已经很喜欢棒球了。

我们往停车场走去，走了很久，然后我们和同来的一些邻居在路边小憩。儿子的一个朋友和他爸爸就走在我们前面，可那个孩子突然蹦下人行道，拼命奔跑起来。他穿过面前繁忙的单行线，甚至不顾车流正从相隔仅半个街区不到的地方向他驶来。

毫无征兆，顷刻间儿子也从我手中挣脱开来，跳下路沿，穿过马路去追他的朋友。但就在他快要到达快车道的时候，一辆车疾驰而过，撞上了他。我目睹了全天下父母都难以承受的一幕：随着一声恐怖的巨响，儿子被撞上半空，接着落到30英尺（约9米）以外的人行道上；他的身体擦着地面不断滑行，直至最终停下，一动不动，了无生息。

这些可怕的瞬间在我的脑海中已重演过不知多少次：我眼睁睁看着自己心爱的孩子跃至半空，遥不可及。自

已紧紧攥住了拳头，却没法握住那只已离我而去的小手。

我渐渐相信那天我们的确有天使相伴。当时，约翰·霍普金斯医院两名不当班的护士也观看了比赛，并且随身携带有医疗急救工具包，以备不时之需。正当我跪在儿子身边竭力祈祷的时候，她们来到了我们身旁，娴熟地护理着我的孩子，直到救护车抵达现场。

等待救护车警报在耳边响起的那六分钟成了我生命中最受煎熬的时刻。

蒂帕和我都跪在艾伯特旁，紧紧抱着他，和他说话，为他祈祷。我忍受着前所未有的绝望和无助。

很快，儿子被赶来的救护车送到了约翰·霍普金斯医院。那里的医护人员，以及先前那两名护士的努力挽回了他的生命。事故造成了儿子脑震荡，一条锁骨和几条肋骨断裂，大腿骨复合性骨折，体内大面积挫伤，脾脏破裂（第二天其大部分被切除了），肺部和胰腺淤伤，以及一个肾破裂。他

在混凝土地面上的滑行造成了二级烧伤，以及从脊髓到右臂大束神经的损伤，他的右臂因此而丧失功能几乎整整一年。

我和蒂帕在医院守了一个月。最终万幸的是，艾伯特全身打着石膏回到了家里。我们的三个女儿日夜不停地帮忙照顾他（甚至在半夜轮流为他翻身）。几个月的疗养后，艾伯特康复了。一年内，他完全好了，重新活蹦乱跳起来。

我讲这个故事，是因为它代表了我生命中的一个转折点。尽管很难用言语表达清楚那种彻骨痛楚到底怎样影响了我对真正重要的事情形成的新看法，我心里明白两者之间总是存在着某种联系。过去我的日程表上排满了工作计划——它们曾经看上去那么迫在眉睫，突然之间却都显得微不足道。我意识到一些事情事实上是那么的无关痛痒，尽管一个月前它们还显得极具分量。我开始通过这种新的视野看待我的整个生活。我自忖：到底要怎样度过我的一生？究竟什么东西才是真正重要的？

对于我来说，第一个答案就是我的家庭，也就是我的妻子和孩子。我立即改变日程安排，匀出时间来和他们相处，不论是单独和他们中的每一个人相处，或者是全家人在一起。之前我从未这样做过。日程表上其他的

事情，包括每周的例行公事，与和家人共处相比都得位居其次，我总是为家人留出充裕的时间。

我还重新审视了自己的事业，审视了"服务公众"的真正含义是什么。多年来，环境保护都是我制定政策时关心的首要问题，但很多其他事情分散着我对它的注意力。现在，我不仅

考虑到自己应该如何安排时间，更发现了全球环境问题相较于其他所有的事情才是重中之重。我意识到那将成为日益显现的最大危机，是值得我为之花费主要精力和才智的事情。

艾伯特康复期间，我开始写自己的第一本书《濒临失衡的地球》，并开始准备第一版的幻灯片展示。

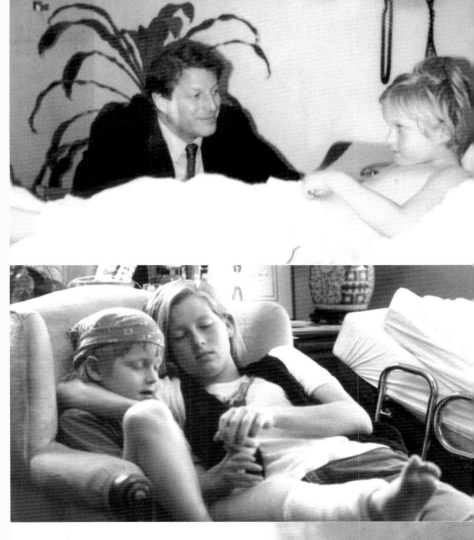

这么做不仅仅是在警示人类，一场危机即将发生——这场危机是我们大家一起有意或无意地造成的；也是我督促自己将环保问题放在事业的第一位。

如果时光能倒流，我情愿付出任何代价来换取那一刻能紧攥住儿子的手。但我知道已经发生的事无法变更。我对儿子的痊愈心存感激，感激上天对他和我们全家的眷顾。当小孩子凭一时冲动行事，而他的父母一时间没能保护好他——意外也许就会发生。那个下午，能够挽回儿子的性命就已经够幸运的了。我们幸运地拥有四个健康、优秀、朝气蓬勃的孩子，现在我们正得以与孙子辈们共享天伦之乐。

我相信我得到的不仅仅是重新开始的机会，而是一种责任，要求我去关心真正重要的东西，尽自己的努力保护之；也要求我在这个危机重重的时刻，力所能及地保护地球适合我们和我们的子孙后代居住——上帝创造了一个可贵而美丽的地球，绝不能让其从我们手中流失。

这张图表记录了自美国内战以来全球温度增长的实际测量结果。在过去的每一年中，全球总体温度的增长趋势十分明显。近年来，气温在持续地剧烈上升。

事实上，在图中所记录的 21 个最热的年份当中，有 20 个都在最近的 25 年。

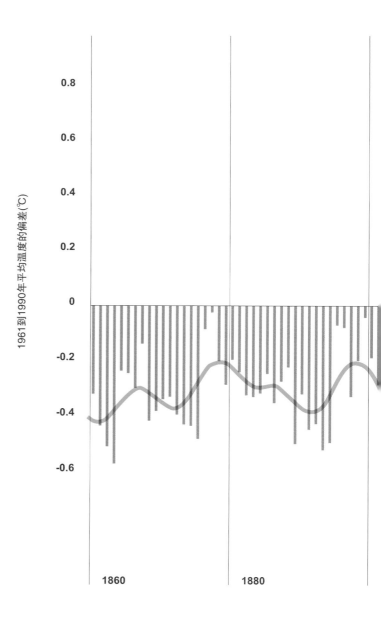

自 1860 年以来的全球温度
综合了 1860 年到 2005 年陆地、
大气和海洋表面的温度

2005 年
**是这段时期所记录的
最热年份**。

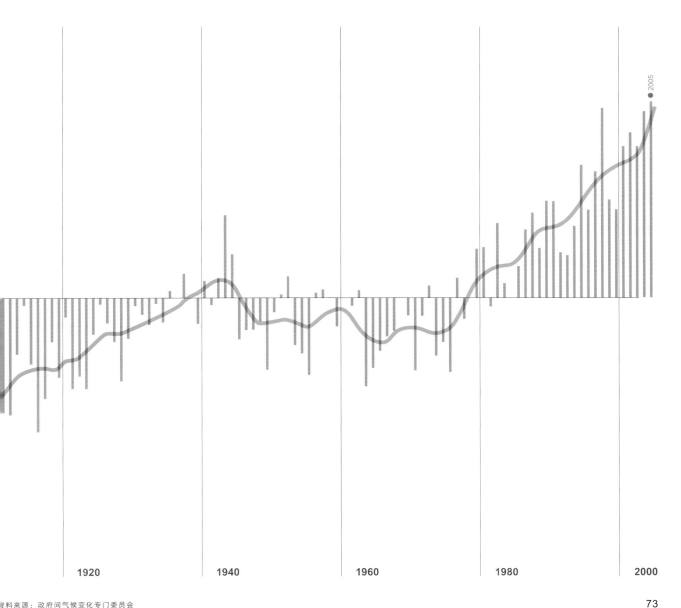

● 2005

1920　1940　1960　1980　2000

资料来源：政府间气候变化专门委员会

热浪已经开始出现。科学家们认为，如果全球变暖问题没能得到处理，此类热浪将更为常见。2003 年夏天，欧洲遭受了一股强大的热浪，35 000 人因此而丧生。

热浪期间的慕尼黑动物园，德国慕尼黑市，2003 年。

2005年夏天，美国西部的诸多城市数天来气温连创新高，达到100℉（37.77℃）或以上。

总计有200多个西部城镇创下前所未有的高温纪录。

内华达州里诺市，连续数天创下新高，温度高达100℉（37.77℃）或以上的有10天。

2005年7月19日，内华达州拉斯维加斯市，温度高达117℉（47.2℃），是有史以来的最高温度。

2005年7月21日，科罗拉多州大章克申市，温度高达106℉（41.1℃），达到有史以来最高点。

亚利桑那州图森市，连续数天温度高达100℉（37.77℃）或以上，平了纪录。

2005年7月20日，科罗拉多州丹佛市，温度高达105℉（40.5℃），为有史以来的最高温度。

在东部，一部分城市连续每日创下高温纪录。新奥尔良尤为如此。

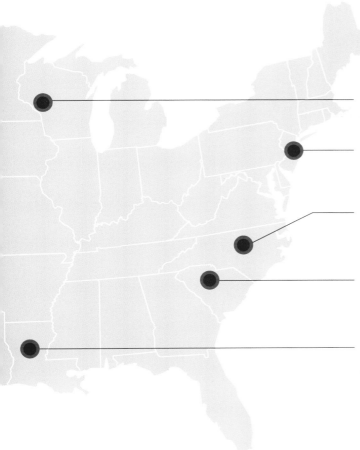

2005年6月23日，威斯康星州拉克罗斯，温度达98°F（36.66℃），为日温最高纪录。

2005年7月27日，新泽西州纽瓦克市，温度达101°F（38.3℃），创下了同日温度的新高。

2005年7月26日，北卡罗来纳州罗利-达勒姆地区，温度高达101°F（38.3℃）。

2005年7月26日，北卡罗来纳州弗洛伦斯市，温度高达101°F（38.3℃）。

2005年7月25日，路易斯·阿姆斯特朗机场，路易斯安那州新奥尔良市，温度高达98°F（36.66℃）。

资料来源：美国国家气象局

全球各地的气温都在升高,包括海洋。

很多人对此的评论是:"噢,那只是气温的自然变化而已。它们总会有高有低,我们不必为此担心。"

的确,气温会有波动,在海洋中也一样。下面曲线图中的蓝色线条就显示了在过去60年中,全球海洋温度变化的正常范围。

然而,专门研究全球变暖问题的科学家们通过使用更为精确的计算机模型,很久之前就做出过预测:由于人为造成的全球变暖,海洋温度将在超出正常情况许多的范围内增长。下面曲线图中深绿色部分所显示的气候变化即将导致计算机预测到的情况发生。这些变化自20世纪70年代中期开始就偏离了正常的范围。

实际的海洋温度到底是多少呢?

预测和观测到的上层海洋温度,1940-2004年

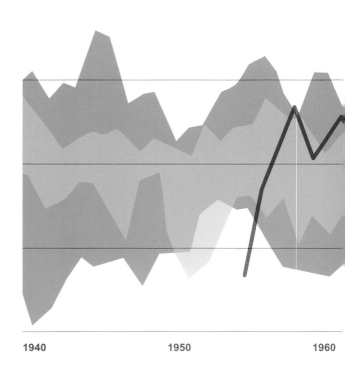

▨ 预测的温度自然变化

▨ 预期的人为原因造成的温度变化

■ 实际观测到的温度

1940   1950   1960

图表中新增的红色线条代表实际海洋温度。这是根据过去60年的全球海洋温度测量结果汇编得到的。

实际的海洋温度和所预测的人为全球变暖导致的结果完全一致，大大超出了气温的正常变化范围。

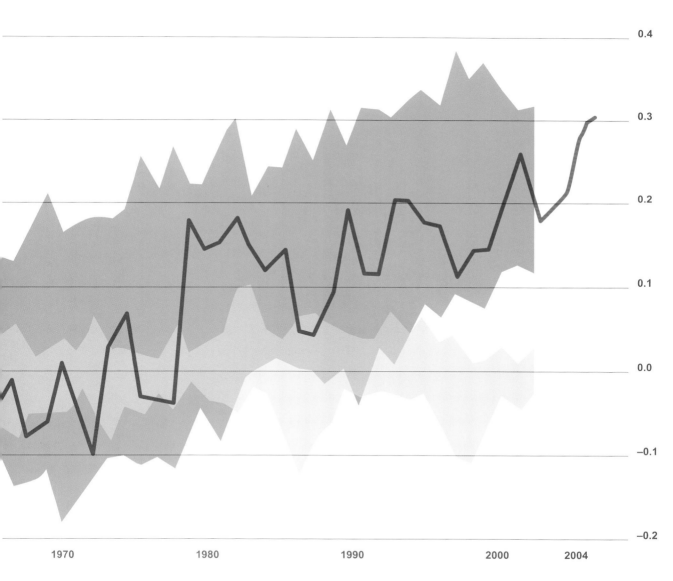

资料来源：斯克里普斯海洋研究所

随着海洋变暖，风暴来势更猛。2004 年，佛罗里达遭到四场异常强劲的飓风袭击。

飓风 "珍妮"，佛罗里达，2004 年 9 月

越来越多的科学研究证明，海洋表层较热的水流引发的热对流能量能够刺激产生更具威力的飓风。

对于每年飓风数量和全球变暖趋势之间的关系，科学家们还没有达成足够的共识。因为几十年形成的自然模式对飓风的频率有重要的影响。但最新科学观点认为，全球变暖的确与飓风持续时间的显著增长和风力强度的增加不无关联。

一些掌握全新证据的科学家甚至断言全球变暖将直接导致飓风频率的增加，大大超过自然深层流周期带来的频率波动，这种频率波动是人们很早以来就已经认识到的。

当2004年，美国正遭受不计其数的大型飓风袭击时，日本的天气并没有引起西方媒体同等的关注。

但就在同年，日本发生的台风数量创历史最高点纪录。2003年日本遭受了7场台风，而2004年是10场。台风、飓风、旋风均为同样的天气现象，只因最初产生于不同的大洋而名称不同。2006年春天，澳大利亚遭受了几次威力不同寻常的5级旋风。这是澳大利亚海峡有史以来发生的强度最大的旋风，剧烈程度超过"卡特里娜"、"丽塔"、"威尔玛"飓风。

日本沿海的纳姆休恩台风，2004年7月

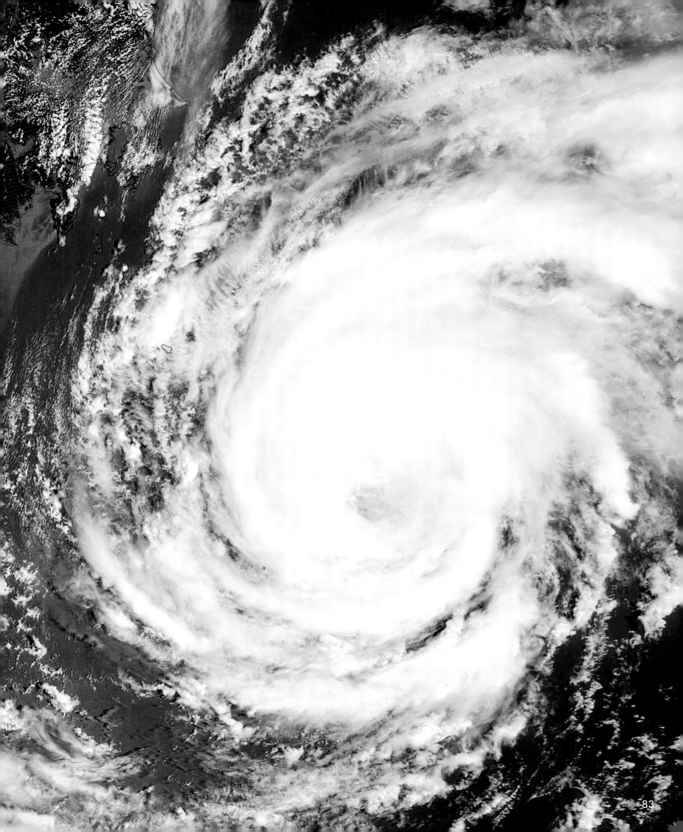

2004 年，教科书需要被改写了。教科书过去说："在南大西洋不可能发生飓风。"但就在 2004 年，巴西有史以来第一次遭到一场飓风的袭击。

飓风"卡塔里娜"，巴西，2004 年 3 月

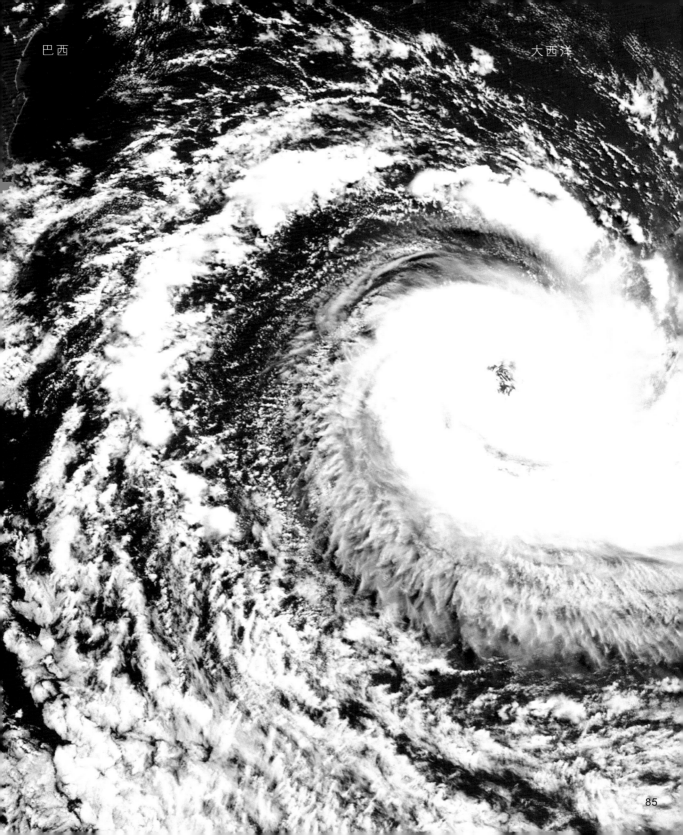

巴西

大西洋

85

也是在 2004 年，美国的龙卷风
纪录被打破。

2004年刚过去不久，创纪录的2005年夏天到来了。初夏，包括飓风
"丹尼斯"和"埃米莉"在内的数个飓风袭击了加勒比海和墨西哥湾地区，
给当地带来巨大损失。

飓风"埃米莉"造成的破坏，墨西
哥的拉佩斯卡，2005年7月

现在大家普遍认为飓风日益强大的破坏力与全球变暖有关，这在一定程度上是因为研究表明4级和5级飓风的数量有了明显增长。

另一个研究预测，全球变暖将使飓风的威力在著名的5级分级标准上平均再增强半个级别。在下面的图表中，美国国家海洋大气局总结了这些新的调查研究中普遍出现的一些要素。当水温上升时，风速及风暴的湿度都会增加。

飓风强度随海洋水温的升高而增加

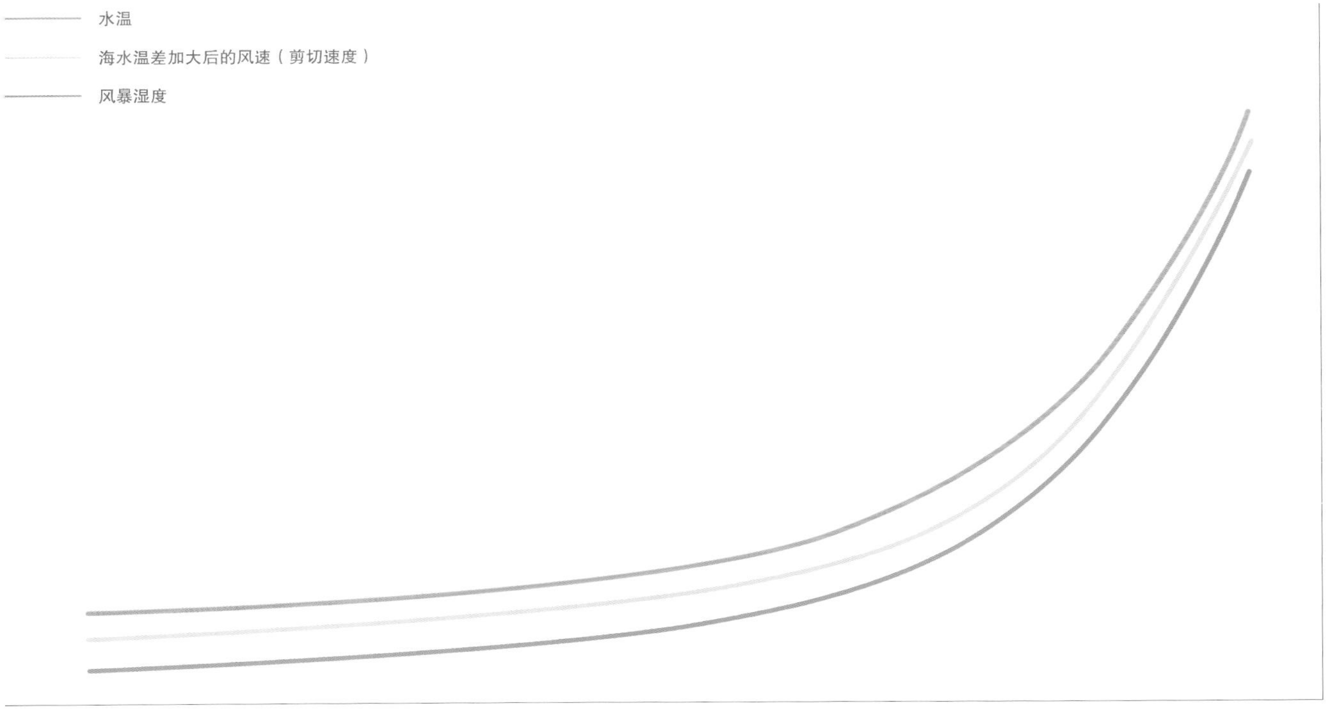

——— 水温

·········· 海水温差加大后的风速（剪切速度）

——— 风暴湿度

资料来源：美国国家海洋大气局

2005年7月11日飓风"丹尼斯"袭击墨西哥湾地区，下图为风暴过后的英国石油公司雷马平台。它位于新奥尔良东南处240公里，是世界上最大的石油钻井平台。至2006年4月，墨西哥湾地区包括雷马平台在内的1/3的产油设备仍然损坏严重，没有恢复运作。

墨西哥湾沿岸受到损坏的雷马石油钻井平台，路易安那州，2005年7月

下图中 13 000 吨重的石油钻井平台后来在 2005 年的飓风季节被移动到阿拉巴马州目比尔市的这座桥下。

产油设备被固定在阿拉巴马州
目比尔市的科克伦桥下, 2005 年
8 月

飓风"卡特里娜"登陆美国前不到一个月，麻省理工学院的一项重要研究证实了一个科学共识，即全球变暖正使飓风变得更强大，更具破坏力。

MAJOR STORMS SP
ATLANTIC AND THE
1970S HAVE INCREA
AND INTENSITY BY

MIT STUDY, 2005

1970 年以来，

盘旋在大西洋和太平洋上的大规模风暴在持续时间和强度上都增加了 50%。

——麻省理工学院的研究，2005 年

NING IN BOTH THE

CIFIC SINCE THE

ED IN DURATION

OUT 50 PERCENT.

然后，飓风"卡特里娜"到来了。2005年8月26日早晨，在向墨西哥湾移动途中，"卡特里娜"在佛罗里达登陆。当时它仅是一级飓风，但仍夺去了十几个人的生命，造成几十亿美元的损失。

接着"卡特里娜"从墨西哥湾比常年温暖的海水上空经过，当它登陆新奥尔良时，已经变为一场强大且极具破坏力的风暴。

美国南部上空飓风"卡特里娜"
的延时卫星图像，2005年9月

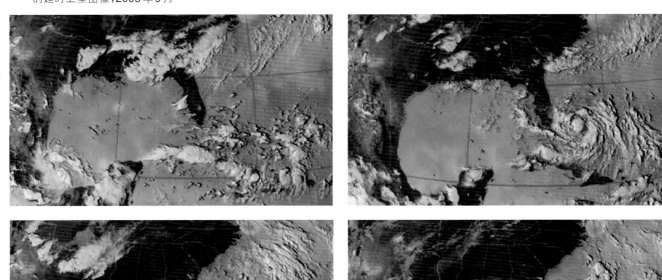

飓风的后果是可怕的，没有语言可以形容。

飓风"卡特里娜"袭击时被撤离到
得克萨斯州休斯敦市天文体育馆的
人们，2005年9月

"下宁思·沃德"区，路易安那州
新奥尔良市，2006年2月

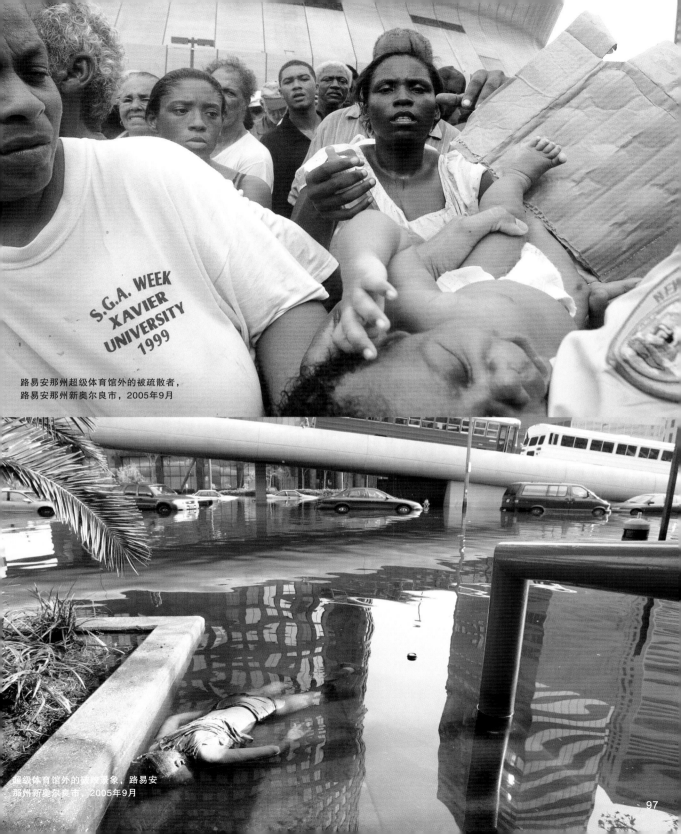

路易安那州超级体育馆外的被疏散者，
路易安那州新奥尔良市，2005年9月

超级体育馆外的凄惨景象，路易安
那州新奥尔良市，2005年9月

路易安那州新奥尔良市，2005年9月

20世纪30年代，欧洲大陆发生了一场与以往不同的风暴，它规模空前，非常可怕。当时的英国首相温斯顿·丘吉尔警告英国人民，这是一场前所未有的风暴，大家应该做好准备，但许多人不愿意相信他的话。丘吉尔对这些人的犹豫不决感到失望，他说：

> **"延误时机，犹豫不决，只提出令人宽慰却毫无意义的权宜之计——这样的时代结束了，现在我们必须直面后果。"**

——温斯顿·丘吉尔，1936年

THE ERA OF PROCRAS
MEASURES, OF SOOTH
EXPEDIENTS, OF DELA
CLOSE. IN ITS PLACE W
PERIOD OF CONSEQUE

WINSTON CHURCHILL, 1936

TINATION, OF HALF-
ING AND BAFFLING
YS, IS COMING TO ITS
E ARE ENTERING A
NCES.

保险业

保险这个行业已经明显感受到全球变暖所带来的经济影响。在过去的30年中,保险公司向极端天气的受害者支付了高出以往15倍的费用。飓风、洪水、旱灾、龙卷风、野火和其他自然灾害是导致这些损失的原因,而其中许多都与因全球变暖而恶化的因素相关。无论从经济还是个人方面讲,这些自然灾害都是毁灭性的。据统计,仅是飓风"卡特里娜"就使保险公司面临高达600亿美元的索赔。

这个风险管理行业里的许多公司都意识到了这种趋势,因而最近它们召集了特别工作小组来分析气候变化对保险业务的潜在影响。此行业未来的经济发展状况和大多数美国人的保险费支付能力都将成问题,然而更让人担忧的是,由此引发的连锁反应很可能波及保险单以外的众多领域。许多养老基金和共同基金(大众集资交给基金公司,由专人或专业机构操作管理以获取利润的一种集资式的投资工具。——译者注)都将保险公司作为投资组合的一部分,所以也将受到影响。

保险商把保险费率,即人们为保护自己的家园免受灾害侵袭所应支付的费用建立在他们估测意外风险的能力上。当极端天气不再遵循过去的可预知的模式——就像现在已经发生的那样——保险公司也就不再能准确地估测风险,对损失的预计也因此变得困难。在这种情况下,维持生意的唯一办法是提高所有承保人的保险费,或者停止向风险极高的地区,如佛罗里达和墨西哥湾沿岸提供保险。这些地区已经要面临每年夏天越来越具毁灭性的天气。

正如一位保险业领导所说,保险公司要应对"一场完美风暴,它意味天气会带来更大损失,全球温度不断升高,因此受到威胁的美国人的数量也是前所未有的"。

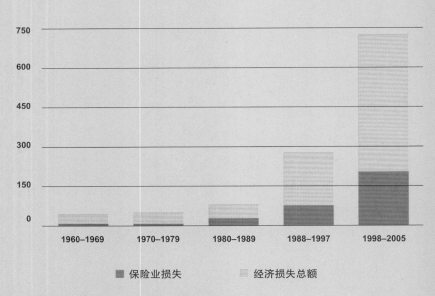

重大天气和洪涝灾难所造成的损失:以10亿美元为单位

■ 保险业损失　　□ 经济损失总额

资料来源:慕尼黑再保险及瑞士再保险2005年12月20日的统计数据

三个星期后，美国墨西哥沿岸，"卡特里娜"登陆地以西不远处再次遭受5级飓风——"丽塔"的袭击。尽管受灾地区的人口没有上一次密集，但"丽塔"还是导致了严重的损失。"丽塔"离去仅几个星期，仍在大西洋上的飓风"威尔玛"成为史上有测量记录以来最强的飓风。它从墨西哥的尤卡坦半岛向西推移至佛罗里达州南部，造成重大损失。此后数周，灾区水电供应中断，成千上万美国居民的生活受到影响。

　　在飓风"威尔玛"退去前，一件前所未有的事情发生了：热带风暴的名字不够用了。世界气象组织不得不采用希腊字母来为之后的飓风和热带风暴（一直到12月仍然出现）命名（大西洋热带风暴的名字由世界气象组织负责管理。规则是根据英文字母表的排列顺序，用每个字母作为字头找一个简单易记的名字作为热带风暴的名字，形成一个名字顺序表。由于Q、U、X、Y、Z五个字母不容易找到作为字头的名字，因此在命名时就不用这五个字母。这样，世界气象组织每年为大西洋热带风暴准备的名字有21个，而"丽塔"则是2005年第21个大西洋热带风暴。——译者注），这在历史上是第一次，而这时已经远远超出了2005年的飓风多发季节。（美国每年6月1日到11月30日是飓风季节，8～9月最为活跃。——译者注）

飓风"丽塔"过后，路易安那州的卡麦隆，2005年9月

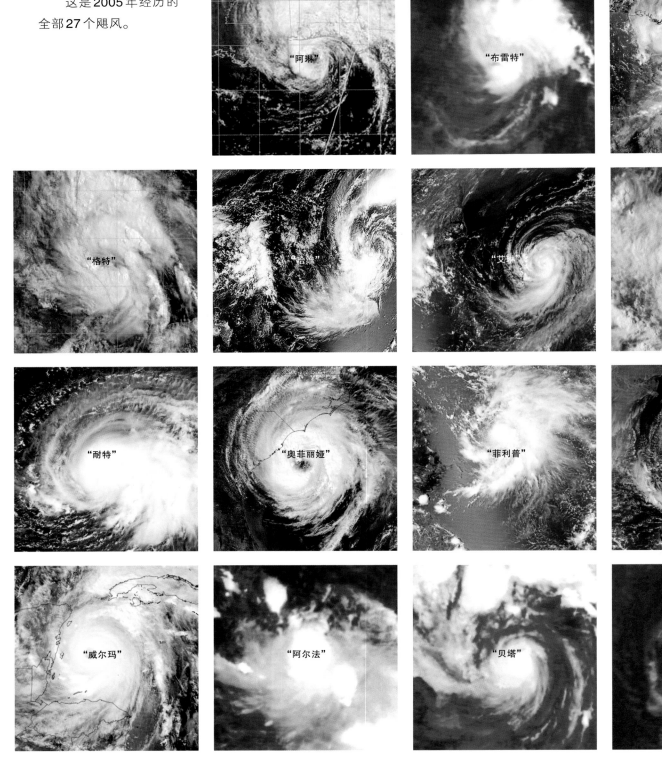

这是 2005 年经历的全部 27 个飓风。

"阿琳"　"布雷特"　"格特"　"哈维"　"艾琳"　"耐特"　"奥菲丽娅"　"菲利普"　"威尔玛"　"阿尔法"　"贝塔"

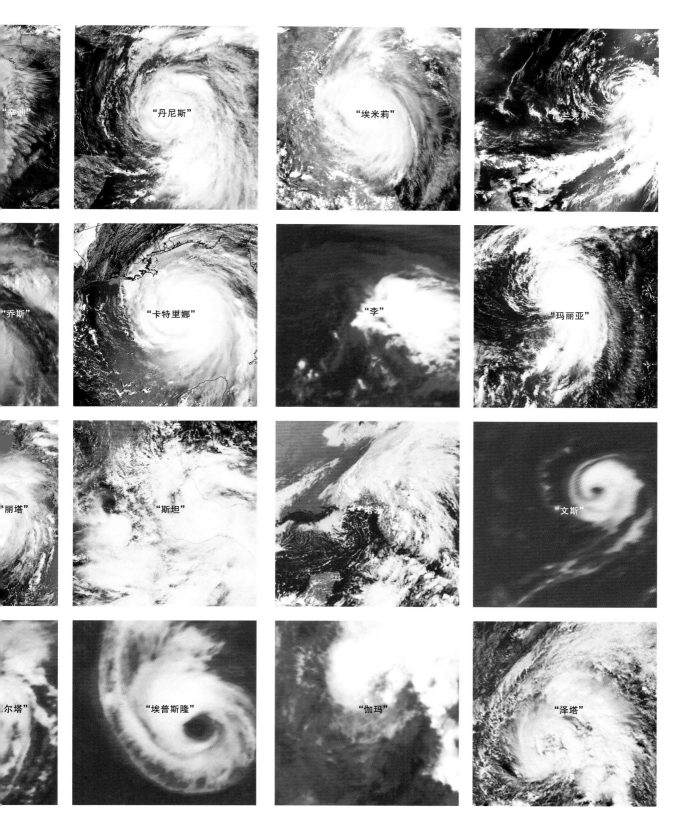

"辛迪"　"丹尼斯"　"埃米莉"　"富兰克林"

"乔斯"　"卡特里娜"　"李"　"玛丽亚"

"丽塔"　"斯坦"　"塔米"　"文斯"

"尔塔"　"埃普斯隆"　"伽玛"　"泽塔"

水温越高，风暴的湿度就越大；气温越高，空气能容纳的水分也越多。当风暴发展到能触发倾盆大雨的程度，它将形成更多大规模的一次性降雨或降雪，这在一定程度上导致全球严重洪水灾害的数目十年十年地增加。

　　在世界上的许多地区，全球变暖还提高了降雨在每年降水量（包括雨，雪等）中所占的百分比，从而使春天和初夏发生更多洪灾。

　　与美国非常相似的是，2005 年的欧洲也经历了不同寻常的灾难。

不同大陆每十年严重洪灾的数目

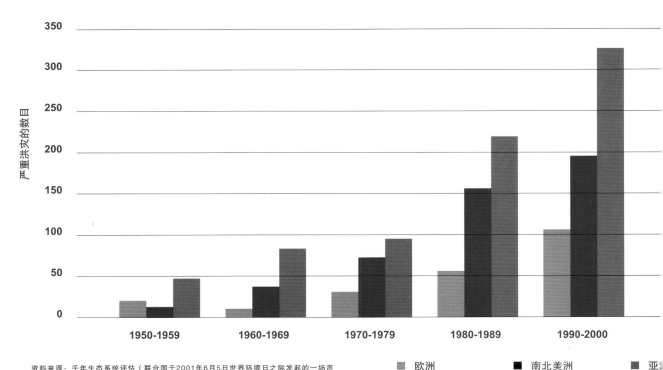

严重洪灾的数目

350

300

250

200

150

100

50

0

1950-1959　　1960-1969　　1970-1979　　1980-1989　　1990-2000

■ 欧洲　　■ 南北美洲　　■ 亚

资料来源：千年生态系统评估（联合国于2001年6月5日世界环境日之际发起的一场声势浩大的科学评估运动。大约有1500名科学家、专家和非政府组织的代表将参加这一活动，目的是评估世界生态系统、植物和动物面临的威胁。——译者注）

当美国2005年一系列前所未有的强大飓风走向尾声时,欧洲正在经历数次可怕的洪灾。2005年8月26日,合众国际社这样总结当时许多欧洲人的感受:"在欧洲,大自然发疯了。"

洪水造成的破坏,瑞士布里恩茨,
2005年8月

被洪水淹没的瑞士卢塞恩市码头，
2005 年 8 月

这简直就像《启示录》所描绘
的自然徒步行走。

亚洲的洪灾也明显地增加了。2005年7月，印度孟买24小时内降雨量达到900毫米，是目前为止印度任何一座城市一天内降雨量的最高纪录。水平面上升至2.4米。印度西部有1 000人死亡。照片中为第二天孟买高峰时间的街道。

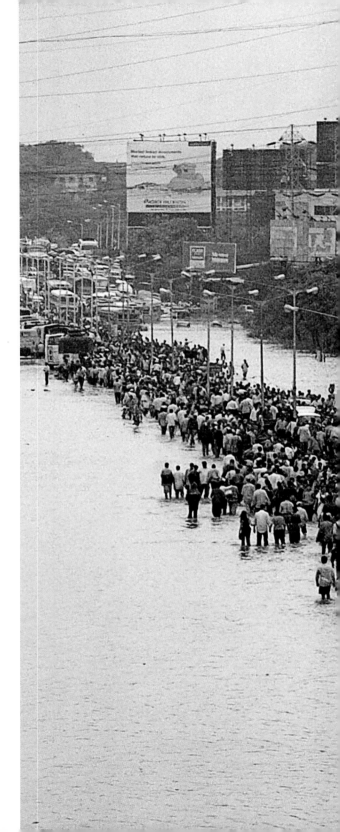

暴雨过后路上的人群，印度孟买，
2005年7月

作为这个星球上最古老文明之一的中国保存了世界上最完整的洪涝灾害记录。类似的情况也发生在中国。

例如，最近四川省和山东省都发生了严重的洪灾。同时，全球变暖不仅导致更多洪灾，还造成了更多旱灾。当山东省在与洪水搏斗时，它的邻省安徽却持续遭遇严重干旱。

出现这种情况的原因之一是全球变暖除了在全球范围内增加降水，同时还改变了部分降水的位置。

中国山东省的洪灾，2005 年 6 月

中国安徽省的旱灾，2005 年 6 月

此图显示出，上个世纪全球降雨量总体增加了近20％。然而，气候
变化对于降雨量的影响并不一致。20世纪随着全球变暖，降雨量如人们
预测那样总体上呈现增加的趋势，但是在某些地区，反而有所减少。

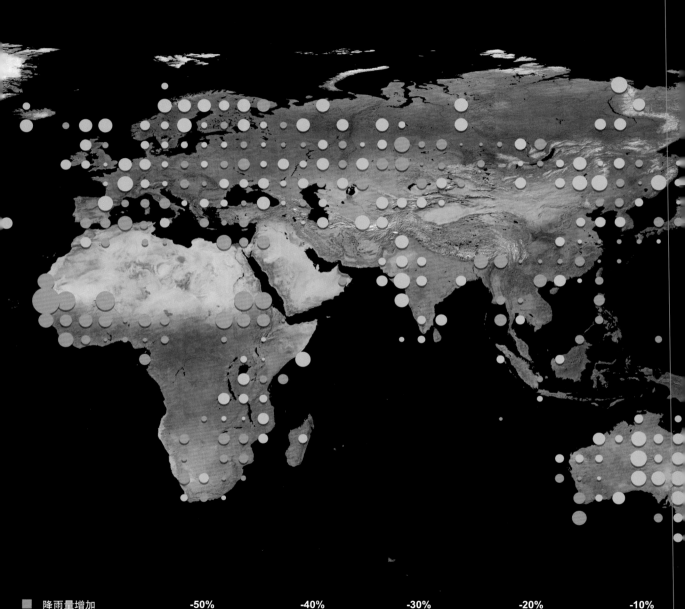

■ 降雨量增加
■ 降雨量减少

-50%　　　-40%　　　-30%　　　-20%　　　-10%

以下蓝色的圆点显示降雨量增加的地区——圆点越大，表示增量越多。橙色的圆点显示降雨量减少的地区和程度。如此大的转变可能会带来灾难性的后果。

+10%　　　+20%　　　+30%　　　+40%　　　+50%

信息来源：政府间气候变化专门委员会

以非洲撒哈拉沙漠的边缘地带为例。让人难以置信的悲剧接二连三地发生，受影响的地区从苏丹南部一直延伸到乍得湖的东岸。在东岸的达尔富尔地区，种族屠杀屡见不鲜。在西岸的尼日尔，干旱横行导致的饥荒使得数百万人受到威胁。

　　导致饥荒和屠杀的原因很复杂，其中有一个因素很少被探讨，那就是原为世界第六大湖的乍得湖在过去短短40年内的消失。

非洲乍得湖

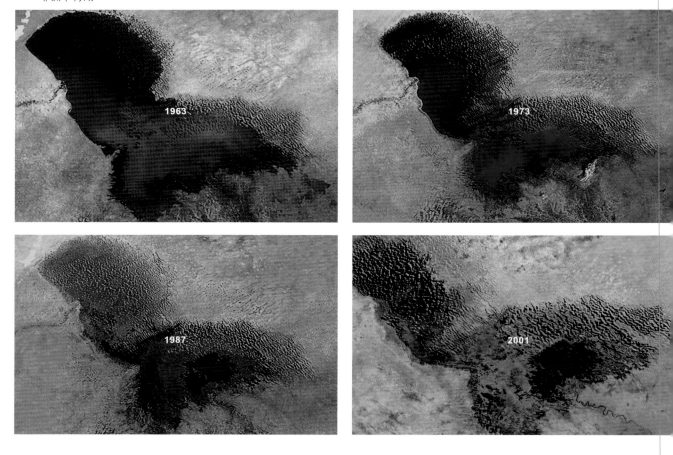

乍得湖消失的影响

仅在40年前，乍得湖与北美五大湖的第四大湖伊利湖同样大，可是现在，由于雨量的持续减少和过度开发，它已经缩小到只有原来面积的1/20。今天，依赖它为生的人和堆积在它干涸湖床上的沙丘一样，比过去任何时候都要多。它的悲剧是世界上很多其他地区的写照，在这些地方，气候变化的影响不仅仅是用温度计，而是用人命的损失来测量的。湖水散失导致渔农业的萎缩，使得许多人流离失所，无数人的生计受到威胁。

乍得湖在过去湖水充盈时曾经是世界第六大湖，流经乍得、尼日利亚、喀麦隆和尼日尔的边境。人们灌溉、养殖、畜牧和饮用都依赖它。尼日尔城市恩吉格米曾经三面临湖，现在它距离湖水足有60英里（约96.56公里），那里的渔船和快艇都被无限期搁置。乍得和尼日利亚的马拉法特地区也遭到同样的命运，那里的渔民追随一路退却的湖水进入喀麦隆边境，引发了军事交火和国际法律纠纷。农民开垦从前是湖床的土地又引发了产权纠纷。

随着乍得湖的萎缩，大旱一次次袭来，间接引发暴力冲突，附近苏丹的达尔富尔地区已被战火摧毁。在湖的北边和西边，摩洛哥，突尼斯和利比亚每年分别约有25万英亩农田

沙化。在马拉维南部，500万人面临饥荒，因为在2005年，农民如期播种但是雨水没有如期而至。绝大部分非洲人还是过着自给自足的生活，没有收成就意味着一无所有。

这些问题将会越来越严重。科学家们预计，到21世纪末，流经非洲各城市的河水量将减少1/4到1/2。在严重干旱的年份，大约2 000万人会收获不到粮食。博茨瓦纳以物种繁盛著称的奥卡万高三角洲也将失去3/4的水源，威胁到其野生动物园内超过450种鸟类、大象和大型肉食动物的生存。非洲野生动物吸引着世界各地游客，失去它们意味着当地的经济支柱——旅游业将会崩溃。

在关于饥荒救济的激烈讨论中，有人暗示非洲人是因为贪污和管理失当而自食其果。可是对气候变化的进一步认识表明，我们自己才是真正的元凶。美国每年向全球排放近1/4的温室气体，而整个非洲大陆的排放量仅占全球的2.5％。正如我们肉眼无法看见温室气体，它们在如此远距离的影响也常常是无形的。可现在我们确实是应该冷静客观地反省一下自己在这些灾难中充当的角色。我们给非洲人民带来了灾难，对于救灾我们在道义上责无旁贷。

苏丹母亲和她的孩子在食物救济站，南达尔富尔的卡马镇，2005年

全球变暖的矛盾作用还表现在，它一方面使得海洋向变暖的大气层蒸发更多的水分；另一方面它又从土壤中抽走更多的水分，其中一个恶果是全球沙漠化现象在过去几十年内愈演愈烈。

右边的图表显示，以平方英里每年计，最新的沙漠化指数明显加剧。

一条公路被沙丘所切断，埃及尼罗河河谷，1991 年

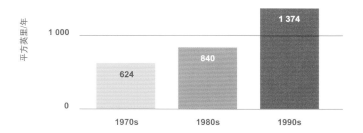

全球每年沙漠化程度

预测2倍二氧化碳含量将导致的土壤
水分流失百分比

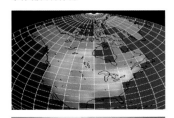

0   10   20   30   40   50   60

预测4倍二氧化碳含量将导致的土壤
水分流失百分比

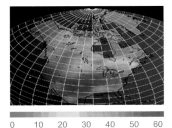

0   10   20   30   40   50   60

信息来源：普林斯顿 GFDL R15 气候模
式；二氧化碳瞬态实验

气候变暖同时导致美国本土土壤水分蒸发加剧。

　　左边的地图显示随着二氧化碳含量的加倍，美国土壤中水分含量的变化。据科学家预测，如果不改变现行做法，在未来50年内，美国辽阔的种植区的土壤水分将流失达35％，还不计其他种种恶劣后果。无疑，干旱的土地将导致蔬菜水分减少，农作物减产，火灾次数增多。不仅如此，科学家们还警告，如果我们不及时采取措施控制导致全球变暖带来的污染，二氧化碳含量很快就会从2倍上升到4倍，这样土壤将流失达60％的水分。

　　我们如何在传统的政治对话框架内讨论一个如此灾难性的问题呢？

一农民站在干旱肆虐的耕地上，
得克萨斯州的沃顿，1998年

都市与田园

我自由自在地呼吸，那是满满一腔使
我神清气爽的空气，与我在华盛顿特区街头
呼吸到的截然不同。

从出生到上大学，我有着一种特殊的经历，每年我都会在两个截然不同的地方度过。每年中有八个月，我和家人住在费尔法克斯酒店狭小的809号公寓里，因为我父亲来自田纳西州，在华盛顿特区当国会议员。

我们一家共用一个卫生间，这个卫生间连通了父母的卧室与我和姐姐南希共用的卧室。其余还有一个小客厅和一个与厨房一体的餐厅。向窗外望去，是混凝土停车场和鳞次栉比的大楼。

其余的四个月，我们住在田纳西州一个水土丰美的大农场上。在这里，动物、阳光、青草都置身于清澈明亮的凯尼福克河的河弯里。回首往昔，年复一年两地轮流居住给了我一个比较两种生存状况的特殊机会，不是从理智上去比较，而是从情感上。两地都在不断变迁，可是变化的方式截然不同，城市的转变远比乡村快。

随着时间的流逝，我越来越珍惜在农场度过的日子。那些场景描述起来可能有点老套，但在我的生活中却如

此生动，呼之欲出：柔软的青草，广阔的天空，迎风的树木，清洌的湖水。我自由自在地呼吸，那是满满一腔使我神清气爽的空气，与我在华盛顿特区街头呼吸到的截然不同。

并非我们家在那间酒店公寓里过得不愉快，我们很快乐，可是那里的空间封闭、拥挤，与自然隔绝。像如今千千万万的家庭一样，我们对于这种隔绝司空见惯，从来不抱怨，尽管我们的窗户离地面有八层高。

其实小时候，我经常和伙伴们在放学后顺着消防梯爬到楼顶，在这里我们把线系在塑胶士兵玩具的脖子上，把它们放在妈妈的针线盒里，一圈一圈地往下降。降了七层半，落在守门人的帽子上，只见他不知头顶何物作怪，用手向空中无目标地抓挠着。再长大一点的时候，我和伙伴们在同样危险的位置向那些停在二十一街与马萨诸塞大道交叉路口等红灯的汽车上掷水球。换句话说，我照样找到了乐子，只不过，我要是我父母的话，准会被这些危险的游戏吓出一身冷汗。

然而农场的生活是一种截然不同的经历，我总恨不得飞奔回到那里，我爱我们的农场。孩提时代，我跟随父亲走遍了农场的每个角落，我从父亲那儿学会了欣赏每一寸土地的美态。他让我懂得爱护土地的责任，尽管他从来没有这样说过，但是他的行为已传达给我。

他教会我如何辨认雨水冲刷在刚刚犁过的松软泥土上新形成的水沟。他告诉我如何把石头和树枝放在细流经过的地方，使得它们无法分割土地。他让我明白，如果我们让水流恣意纵横，它将在土地上割出深沟，带走土壤表面的养分，使得土地伤痕累累，愈加贫瘠。

这样的伤痕在20世纪20年代和30年代初的南部和美国其他地区并不罕见，父亲保护和修复土地的本能意识通过他不倦而严谨的教诲传给了我。如果不是早年看见他亲力亲为，我也许会认为那些农活极端抽象，并且与我无关。可是如今，当我和儿孙走在这片如今已成为我的农场的土地上时，我惊奇地发现我用来教育他们的恰恰是当年父亲对我的教诲。

从父亲那儿，我学会爱护土地的责任，可是从母亲那儿，我第一次认识到了地球面对人类破坏的脆弱与无助。我十四岁那年，母亲把蕾切尔·卡森的《寂静的春天》念给我听。那本书对她的触动是如此之大以致于她连续十多个晚上坚持大声朗诵其中的段落。我姐姐和她一起坐在餐桌旁，我们默默地听她念。我之所以对此记忆犹新是因为卡森的这本书是唯一一本受到母亲如此高度重视的书。她喜欢阅读，在我小的时候经常念书给我听，可是我长大之后她就不再这样了，唯独这本书，与众不同，使我终生难忘。

《寂静的春天》把我早年对土地管理的一些基本认识和一种全新的认识结合起来，那就是，人类如今拥有史无前例的破坏环境的能力。忽略这一点是错误的，就像对在农场上一条正不断加深变宽的水沟置之不理一样。

长年奔波于华盛顿特区和迦太基

两地间尽管也有它不好的地方，但是我相信它为我提供了一个观察自然——或者说环境——的独特视角，而我很庆幸自己有这样的学习机会。假如我完全在农场里长大，我也许会对自然熟视无睹。然而每年夏末与它分离让我更加深刻地体会到它那无与伦比的美。假如我完全在一个大城市里成长，我也许将永远不知道自己错过了什么，也许就永远不会从如此切身的、道义的立场去理解蕾切尔·卡森的忠告。

1976年我当选国会议员的时候，我和妻子蒂帕决定在我们的子女身上沿用我的成长模式：在大城市里上学，每年夏天和圣诞节在农场度过。

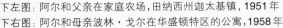

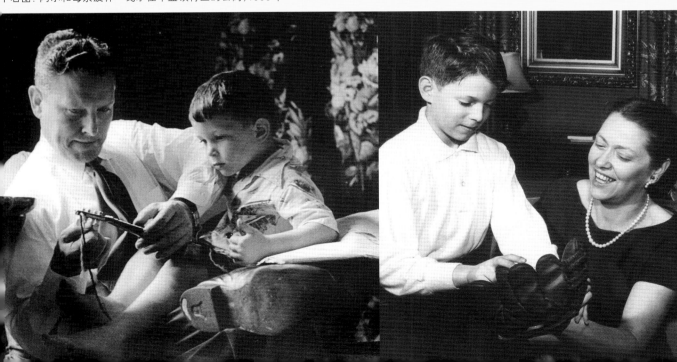

地球上有两个地方可以充当煤矿中的金丝雀的角色——它们对全球变暖的影响最为敏感。其中一个，如右图显示，是北极，另一个是南极。（煤矿中的金丝雀：金丝雀对空气中甲烷和一氧化碳浓度的高度敏感使它成为最早期的煤矿安全警报器，如果金丝雀死去，则提示矿工需要赶快撤离矿洞。——译者注）

　　在这两个冰天雪地的地方，科学家们观测到更快的变化，气候变化在此构成的影响比地球上任何其他地方都要更早更显著。

　　从照片上看，地球的两极非常相似，都由冰雪覆盖。然而在相似的表面底下有着一个巨大的差异，与南极上万英尺厚的庞大冰盖相比，北极的冰帽平均不足10英尺（约3米）。这种区别的根源隐藏在冰层底下：南极是被海洋包围的陆地，而北极则是被陆地包围的海洋。

　　单薄的北极浮冰和位于北极圈北边环绕着北冰洋的冻土层使得它们在面对陡然上升的温度时显得尤为脆弱。

　　这就造成了全球变暖在北极地区最为显著的影响：冰层加速融化。那里的温度上升比地球上任何其他地方都要迅猛。

北极

此图为北极最大的冰架——沃德·亨特冰架。三年前它裂成两半，让科学家们震惊。同类情况过去从未发生。

研究人员发现沃德·亨特冰架的断裂，加拿大的努拿武特省，2002年

在阿拉斯加地区，这种现象被称为"醉树"，因为这些树木向四面八方倾倒。这并不是由于风力的破坏，更不是喝酒造成的。

云杉，阿拉斯加州费尔班克斯市北部，2004 年

这些树木数十乃至数百年来深深扎根在冻土层里，而现在随着冻土的融化，它们失去了支撑，因而东倒西歪。

北极圈北部的土地一年中大部分时间是冰冻的，部分永久冰冻的土层被称为"永久冻土"。然而，全球变暖使得永久冻土开始大范围地融化。

这正是左图中的这栋位于西伯利亚的大楼坍塌的原因，它是建立在正在逐渐消失的永久冻土上的。

同样的原因导致了左下图中位于阿拉斯加的房屋不得不被业主弃置。

到 2050 年永久冻土融化危及的基础设施

北极委员会最近完成了一项预测北半球冻土融化对基础设施破坏的研究。粉红色显示的是预期受损程度最严重的区域。请注意西伯利亚地区受影响范围之大！这是一片约100万平方公里的土地，从上一次冰河时期开始被冰冻。据科学家估计，这一大片冻土内蕴藏着约700亿吨的碳，正随着永久冻土的融化而变得越来越不稳定。西伯利亚地区的碳含量是每年人为排放量的十倍。俄罗斯在这方面的领军科学家，托木斯克州立大学的塞吉·柯波丁发布了一项严正的警告："永久冻土的融化是生态学上的滑坡现象……与气候变暖密切相关。"

■ 稳定
■ 低危险
■ 中危险
■ 高危险

西伯利亚

信息来源：《北极气候影响评估报告》

冬天，一辆卡车在俄罗斯北西伯利亚泰米尔半岛冰冻的科推河上行驶，2004 年

134

因为永冻层融雪解冻，每年大部分时间在美国阿拉斯加州冻结的高速公路上畅通无阻的卡车现在有时会陷进泥淖里。

具有讽刺意味的是，那些尝试说服美国国会让他们在阿拉斯加北部坡地钻油的公司也需要依赖冻结的高速公路。但是，现在大规模的永冻层解冻使他们本来就具有争议性的提议变得更为复杂棘手。

以下的图表显示了每一年阿拉斯加的冻原分别有几天冻结足够坚固，可供汽车行驶。

如今，可供行驶的天数下降到每年少于 **80** 天。春天提前到来，秋天姗姗来迟。气温一直在上升：北极圈气温上升的速度快于世界上其他任何地区。

阿拉斯加冬天冻原的行车天数：1970～2002年

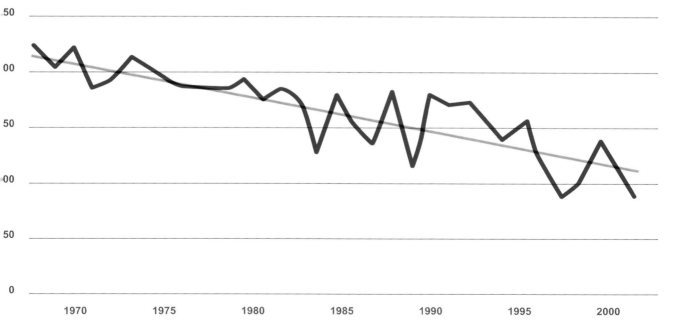

资料来源：《北极气候影响评估报告》

融化的永冻层使国家
输油管道陷入困境

代用燃料

当我在国会的时候，我们曾为用玉米制成的乙醇，即谷物酒精的价值而争论不休。虽然这些争论有异想天开的玩笑的成分，我始终支持生化乙醇。虽然用谷物制乙醇会影响环境，但是开发出新的燃料、能源来替代化石燃料至关重要——这能使我们开始摆脱对外国进口油的依赖。我很高兴从那以后，新发明不断涌现，并产生了一定的影响。

一家加拿大公司已经研究出一种新的方法：用植物纤维制新种乙醇。这种方法制成的乙醇比常见的乙醇更廉价更清洁，叫纤维素乙醇。顾名思义，纤维素乙醇的原料不是玉米里的糖，而是纤维素，一种坚韧的植物纤维。例如棉花就是几近纯粹的纤维素，而由它产生的农业废料堆积成山。那么，我们现在就可以采用玉米秆而非玉米作为原料。而其他的像柳枝稷、白杨之类的易种高产的植物也可以廉价地转变为乙醇。根据预测，这项新技术可以使农作物废物为交通提供

25%的能量。玉米制乙醇燃烧排放出的温室气体比汽油燃烧排放的气体少29%，纤维素制成的乙醇更胜一筹，可以使温室气体排放减少85%。

生物柴油是你可能听到过的另一种代用燃料，能够由残余的油炸用油酿造而成。如果你曾经考虑过吃过多的炸薯条可能使石油输出国组织面临破产，你应该会乐意看到技术更新使我们即使没有快适（美国宝洁公司旗下著名的纯植物性烘焙油品牌），也能制出生物柴油。这家加拿大公司优化了生物反应器，使它能把所有有机体转变为油。只需270吨的火鸡内脏，20吨猪肥肉，经过加工处理，就能转变为500桶高级生物柴油。污水垃圾，废弃轮胎和塑料瓶子现在也可转变为燃料。

氢是最清洁的未来燃料。但大多数专家都一致认为至少要再过几十年以氢作为燃料的经济才能发展起来。同时，我们也知道在一个国家一部分地区行得通的办法在另一些地区

可能行不通。例如，在年均日照天数达300天的亚利桑那州，发展太阳能制氢是明智而可行的办法。然而，从煤和天然气中裂化出氢会同时分解出纯二氧化碳气体。除非把这些二氧化碳气体锁住，否则将导致更为严重的温室效应。我们未来的部分工作包括：在适宜的地方做正确的决策——因地制宜，了解并实施适合每个州，每种生态和工业系统的现实的措施。我们的目标是理智并负责任地发展经济，而不是加重气候危机。

从南极到北极，冰雪璀璨

你可以阅读现场研究报告，可以和科学家交谈，
可以详审图表，但这些都比不上亲眼所见。

我试着讲述的这场关于全球变暖的经历就像是一次旅行：它既是精神之旅，又是现实之旅。我给全世界观众播放的这些幻灯片资料是我所经历的这场探索之旅的精华，包含着我个人对这场危机的理解以及人类直面这场危机的困难。每一张幻灯片都再现了我在旅行途中学习新事物的瞬间。我展示幻灯片的目的就是为了再现并与大家分享我旅程中的每一瞬间。

这次探访危机之旅，我去了许多常人难以到达的地方，去了星球的边缘地带。在那里，世界上最顶尖的科学家夜以继日地努力工作，却常处于极端艰难的状态。

你可以阅读现场研究报告，可以

和科学家交谈，可以详审图表，但这些都比不上亲眼所见。这些旅行吸引我，不只是因为我对气候危机有强大的求知欲，还因为我能通过这些旅行到户外活动，并亲眼感受许多真正令人销魂的地方。

为了探索全球变暖涉及的热点地区，我从格陵兰岛的冰丘到沼泽地国家公园（位于佛罗里达州），从咸海（苏联中亚细亚地区）到死海，从阿拉斯加州的北坡到新西兰的南岛，从塞伦盖蒂大草原（非洲东部）到克孜勒库姆沙漠（中亚西部），从尼罗河到刚果，从纳米比亚的骷髅海岸到加拉帕戈斯岛（达尔文采集鸟类标本的地方），从冒纳罗亚峰（夏威夷）到湄公河三角洲，

从恶土国家公园（美国南达科他州）到好望角，从田纳西州的橡树岭国家实验室到乌克兰切尔诺贝利石棺，从亚马孙丛林到冰川国家公园（美国蒙大拿州），从最高的的的喀喀湖（南美洲西部秘鲁同玻利维亚之间）到最低的沙漠死亡峡谷（美国加利福尼亚州）。然而，在我到过的所有地方中，北极和南极脱颖而出。

我到南极时，对许多现象惊奇不已。首先，那里的冰雪浮冰厚度超过10 000英尺（3 048米），所以我感受到了首次踏足南极的旅行者都感受到的高原反应：轻微的头痛和恶心，但这种反应随着对此高度的渐渐适应而消失。我先前没有意识到南极洲的平均海拔

戈尔登上第二舰队，准备前往北川国家公园，1997年

比世界上其他的大洲都高；冰雪经过几亿年的层层堆积，挤压着冰帽直指天空。地质学家告诉我说冰雪的重量把在其底下的基岩挤压到海平面以下。

同时，由于南极的降雨量极少，每一层的积雪都很薄，这给试图从积雪层里搜集数据的科学家们带来了挑战。接近底部的最古老的积雪层受到雪堆的压缩，使测量禁锢于小小空气泡中的二氧化碳含量的工作变得更加复杂。

再者，虽然我早就知道南极洲会很冷，但我对到底有多冷毫无概念。天气预报说气温是-58℃，但我从来没有到过这么冷的地方，所以无法预测-58℃到底有多冷。正是那时，我从在南极站呆过几季的经验丰富的老手那里学到了有趣的一课。他说："没有所谓的不适合人呆的天气，只有不适合人穿的衣服。"

不难理解，在南极洲生活和工作的科学家们很重视衣服的保暖性（虽然他们不大重视衣服的外观）。经特殊设计的风雪大衣的风帽覆盖住了他们整个脸的前部，因为空气很冷，在被吸入鼻孔前，至少应当通过风帽暖和一下。并且，大多数人不能长时间把头暴露在外面，暴露太久会使耳朵严重冻伤。所以，人们在室外走动时，都是透过1英尺（约30厘米）长的厚厚的兔毛窥视外面的世界。

在南极的极点上，一座红白螺旋条纹相间的理发店招牌立在冰中。这招牌有两个用途：让游客可以绕着它"环游世界"；给游客拍照留念。顺便介绍一下拍照片的诀窍：快速地扯下风帽几秒，对着镜头大胆地微笑，然后迅速把风帽扣到头上。

让人振奋的是一位科学家向我展示了自从1970年《美国清洁空气法案》通过以后，冰芯的空气污染下降的情况清晰可见；透过冰雪年层追溯，可以亲眼看到在那之前和之后的情况。南极洲和北极的共同点之一是它们都远离人类文明。然而这两个从前纯洁不受污染的地区都已不可避免地遭受了工业污染。北极上空的空气污染仍在加重，这和北半球的气候及较高的工业聚集度有关。

我在参观南极洲两年半后参观北极冰帽，这两次拜访形成令人吃惊的鲜明对比。我先飞往北冰洋沿岸的阿拉斯加州戴德霍斯市，然后乘坐直升飞机到准备往正北方向冰帽底下进发的潜水艇的集合基地。

我第二次出行时先前往格陵兰岛，在那里转乘特别配备有滑雪橇的C130，再乘坐较小号的装有滑雪橇的飞机。一路向北，经过三个半小时的飞行，到达北冰洋的一块浮冰，再从那里转乘履带式雪上汽车。

我们在搭建在冰上的帐篷里小睡了几小时，然后重新登上履带式雪上汽车向浮冰的北部行进了2英里（约3.22公里）。在那里，海军看护兵用扫帚在潜没在海里即将上浮的潜水艇的浮出点上画下了巨大的"X"形符号——符号比我们想象中的大多了，以至于我们必须从自以为安全的地方不停地往后退。

我怀着敬畏的心情看着巨大的潜水艇向上撞击冰块。随着潜艇上升，一道闪电般的裂痕从撞击点开始扩展开，一直朝我奔过来。霎时间，我被逼到了裂缝的一边。我好不容易站稳脚，发现在我旁边的海军看护兵忍俊不禁；他们对冰块裂开的反应比我平静多了。

潜艇再次潜入水中，我们又向正北，朝着极点行进了七小时。当我们到达时，导航显示器上出现了一排"0"，使我感觉我们好像在高科技的吃角子老虎赌博机上中了头彩。我们绕了一圈并在正极点浮出冰面。

我仍记得从潜水艇的指挥塔爬出来，站到冰上的感觉。使我最受震撼的是在空气中我周围的那些美丽得近乎神奇的小冰晶体，反射着明亮的阳光，宛如上天赐予的珠宝。

我两次探访北极冰帽的原因是想多了解全球变暖的情况，并说服美国海军向专门研究全球变暖对北极冰块影响的环境科学家公布最高机密的数据。

美国海军之所以能搜集到不为人知的关于冰块厚度的数据是因为近50年来他们定期在北冰洋冰块下巡逻，他们的舰队由特殊设计的能够浮出冰面的潜水艇构成。在冷战期间，如果受到

苏联的攻击，战略军事兵力能随时准备好在几分钟内实施报复。如果发生核战争，在北极的潜水艇能够在最短的时间内浮出冰面。

但这也带来了挑战，因为有些地方的冰帽比其他地方的厚。虽然这些潜艇有着特殊的设计，他们也只能安全地浮出3英尺（约90厘米）或不足3英尺厚的冰块。一直以来，当海军在冰帽下长期巡游时，都使用特殊的探测雷达向上测量潜艇上方冰块的厚度。超过半个世纪以来，北极潜艇保持有对每个横截面冰块厚度及每次冰下航行的切实记录。

我追寻的正是那被标为"最高机密"的关于50年来冰块厚度的记录。我希望管理这些数据的美国海军和中央情报局能够向科学家们公布这些独一无二的记录，因为科学家们急需这些数据来回答关于全球变暖的关键问题：北极的冰帽正在融化吗？如果正在融化，融化得有多快？

刚开始，海军极力反对公布任何数据，害怕这会有助于美国的敌人利用它来推测出潜艇的巡逻路线。作为参议会军事委员会的一员，我完全理解；所以我和海军一起努力，协调他们合法的担忧和同样十分重要的环境义务之间的矛盾。当时领导海军核动力项目并对所有潜艇负责的四星海军上将布鲁斯·德马斯曾和我一起去过北极，并一路上听我讲述全球变暖的事情；虽然他刚开始抱着怀疑的态度，但最终成为了我坚定的同盟。他和前里根总统属下的中央情报局局长鲍勃·盖茨一起提出了同意在谨慎的安全措施保护下发布数据的革新方案。

幸亏他们发布了数据，因为事实证明，发布的信息比科学家们预想的更为重要和令人担忧。数据展示出冰块迅速急剧融化的模式。在近几十年，潜艇数据和卫星图像一起展示了20世纪70年代中期北极冰帽相当快速的后退。

全球变暖现象不仅在北极和南极体现得最淋漓尽致，我在赤道也发现了关于全球变暖的重要证据。

两次探访亚马孙森林，我发现那里的科学家更加关注降雨量的急剧变化。2005年，亚马孙遭受了有史以来持续时间最长、情况最严重的一次干旱和干旱带来的一系列毁灭性破坏。

在同样坐落于赤道上的肯尼亚，我听到了人们对于蚊子和其所传播疾病导致威胁的关注；而之前在较高的纬度，由于天气太冷，蚊子无法生存。

在旅途中，我不断加深对气候危机的理解，我不仅找到了我们所面对的全球范围的危险，我还听到了来自世界各地的对美国的期望：期望美国能担负起解决这场危机的责任与义务，走向更安全、更光明的未来。所以，既然每一次的旅行都把我领回家，告诉我同样一个道理，我每一次旅行归来都更加地深信：解决这个危机——应该从家里，从美国开始。

戈尔在非洲赤道，摄于1989年

有两次,我坐在核潜艇里从北极冰帽下滑过,然后浮出冰面。第二次时,潜艇在正北极点浮出冰面。以下的一系列照片展示了美国海军特殊设计的在冰帽下巡逻了近50年的北极潜艇,这些潜艇自从美国军舰鹦鹉螺号在1958年第一次执行任务以来就一直在服役。请注意潜艇指挥塔的翼部,大部分潜艇的翼部都保持水平,以帮助驾驶潜艇在水中滑行。然而,在这些模型里,翼部可旋转到竖直方向(如图所示),像刀片一样帮助潜艇破冰而浮出冰面。因为潜艇只能在冰块厚度是3英尺或以下时浮出冰面,美国海军通过向上探测雷达测量冰的厚度,并仔细地记录下来。

美国军舰海鳊号浮出冰面的
视频抓取

多年来,这些数据被海军视为机密。当我说服他们发布这些数据时,这些数据述说了一个令人担忧的故事。

从20世纪70年代开始,北极冰帽的广度和厚度都在急剧缩小。现在有些研究表明,如果我们继续像现在一样发展而置环境于不顾,那么北极的冰帽会在每年的夏天完全消融。现在,北极冰帽在给全球降温的过程中发挥着至关重要的作用。防止北极冰帽消融应该被提到我们最重要的议事日程上。

海上浮冰广度:北半球

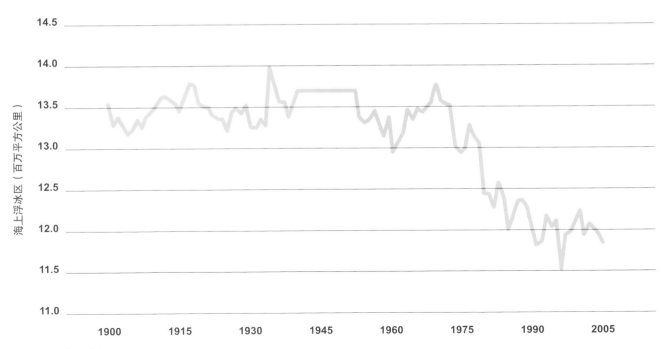

资料来源:哈德利·卡特

北极冰帽融化得如此快速的原因是：首先因为北极冰帽漂浮于北冰洋上，所以较南极冰帽薄；其次，随着一部分冰块的融化，对太阳辐射的吸收量会产生显著的变化。如右图所示，冰块就像一面巨大的镜子，反射大部分不断产生的太阳辐射，而辽阔的大海则吸收大部分反射出的热量。当海水变暖，便给连接着海水的冰的边缘增添了更多的融化压力。这就是被科学家们称作"正面反馈"的一个例子，而这正在北极发生。

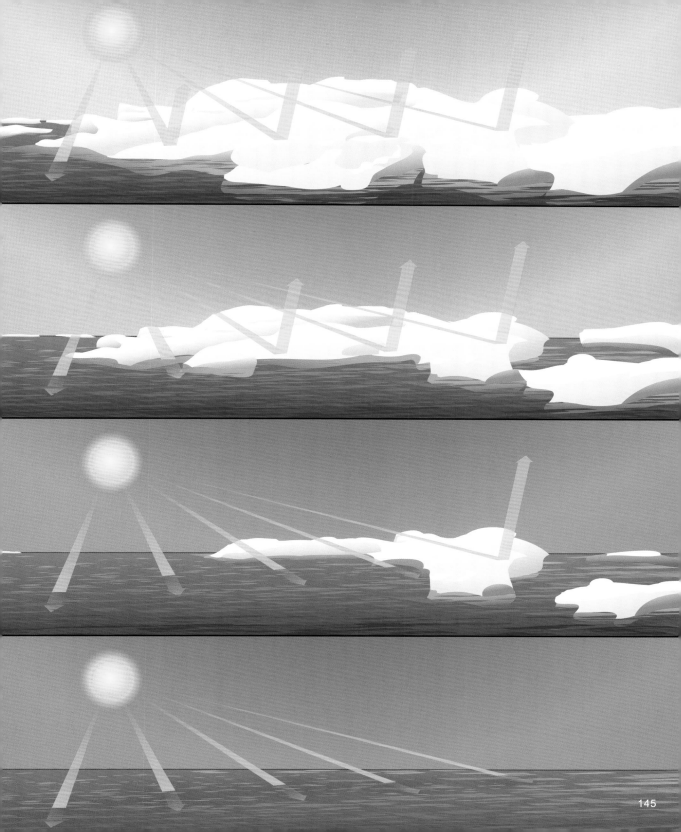

145

正在融化的冰块给北极熊等生物带来了噩耗。一项新的科学研究表明：历史上第一次发生大量北极熊溺死事件，这样的死亡现象在过去很少见。但现在，这些北极熊发现他们要游很长的距离才能从一块浮冰到另一块浮冰上。在某些地方，冰块的边缘离岸边远达30～40英里（约48.28～64.37公里）。

站在世界的顶端看这大片而开阔的大海，这曾经被冰块覆盖的大海意义何在？答案是：我们应该深切地关注它，因为它将带来严重的全球温室效应。

北极熊妈妈和北极熊宝宝在大块浮冰上，摄于挪威斯匹次卑尔根，2002年

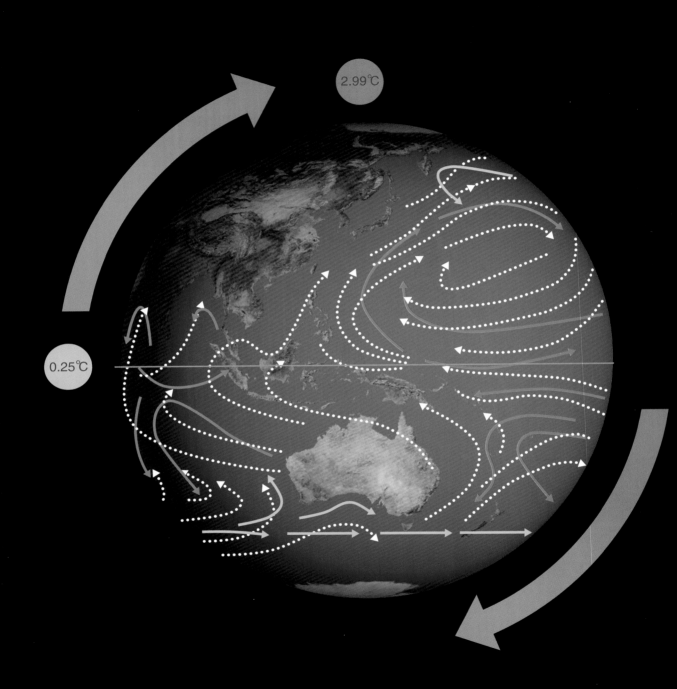

2.99℃

0.25℃

资料来源：政府间气候变化专门委员会

北冰洋冰块的融化给全球的气候类型带来了深远的影响。科学家们把全球的气候称为"非线性系统"，这是科学家们描述气候变化不是渐进过程的一种时髦说法。以前，有些气候类型就是突然呈跳跃性变化。

这些科学家们打了个最恰当的比方，世界气候可以理解为一架把赤道的热量重新分配到两极的发动机。北回归线和南回归线之间的地区吸收了比地球上其他地区更多的太阳能，因为这些地区全年受太阳直射。

与此相反，太阳的光线只部分照射到北极和南极，在一年中的半年里北极和南极接受太阳光线，另外半年则完全处于黑暗中。

从赤道到两极的热量重新分配推动了风和洋流——如湾流和射流。这些洋流保留着一万年前最后冰期时候，即当第一座人类城市还没有建起前的基本模式。破坏这些模式会给所有的文明带来无法估量的后果。然而，气候危机将很有可能导致这种后果的发生。

世界的平均温度大约是 58°F（14.44℃）。

温度上升5℃意味着赤道的温度只上升了1℃到2℃，但北极的温度将上升12℃，南极圈也将遭遇大幅度的温度上升。

而这些从最后冰期形成并一直保持稳定不变的风和洋流模式变得悬而未决。

人类的文明从来没有经历过类似的这种环境剧变。原有的气候模式已经存在于人类文明的整个历史当中。

每一个地方，每一座城市，每一座农场，都坐落在我们所熟悉的同样的气候模式中，或是在这种气候模式的基础上发展的。

科学家们把这种大型的下沉现象称之为巨泵；更确切地说，称之为"温盐泵"，因为温度和盐度驱使下沉现象发生。这种泵在驱动世界洋流系统不停流动中发挥了重要的作用。

科学家们担心大约一万年前发生的事情会再次上演。在北美，最后冰期时大冰原融化，形成了巨大的淡水池，北美五大湖就是这个巨大淡水池的遗留物。淡水池东面边界巨大的冰坝使之安于原位。

然而，某一天，冰坝破裂，淡水涌入北大西洋。当这前所未有的大量淡水冲毁了圣劳伦斯河的河道，奔涌进入北大西洋时，巨泵自动停止运转。墨西哥暖流不再涌动。而西欧从此没有了从墨西哥暖流蒸发的热量。

于是，欧洲重返冰河时代；冰期持续了900到1000年。而其间的过渡发生得非常快。

一些科学家极度担心这种现象很有可能重新发生。伍兹霍尔研究中心的鲁思•柯里博士尤其关注格陵兰岛冰块的快速融化，因为格陵兰岛临近巨泵发挥作用的地方。

最近，她评述说：由于温室效应的后果，在21世纪里北大西洋传输带的停止并不是不可能的。

科学家们称：全球气候系统一个不可思议的脆弱环节就是北大西洋，在那里墨西哥暖流和来自北极绕过格陵兰岛的冷风相遇。当暖流与冷风相撞击，热量从墨西哥暖流里蒸发，并以蒸汽的形式被盛行风从地球的东边环球一周运送到西欧。

洋流如巨型莫比乌斯带（扭转180°而两头相粘接的纸条称为莫比乌斯带，由德国数学家莫比乌斯提出——译者注）被连接在一个称为"全球海洋传输带"的环圈中。下图红色的圈代表着温暖的洋面，最有名的是流经美国东海岸的墨西哥暖流。圈里蓝色的部分代表了相反方向流淌的深层寒流。

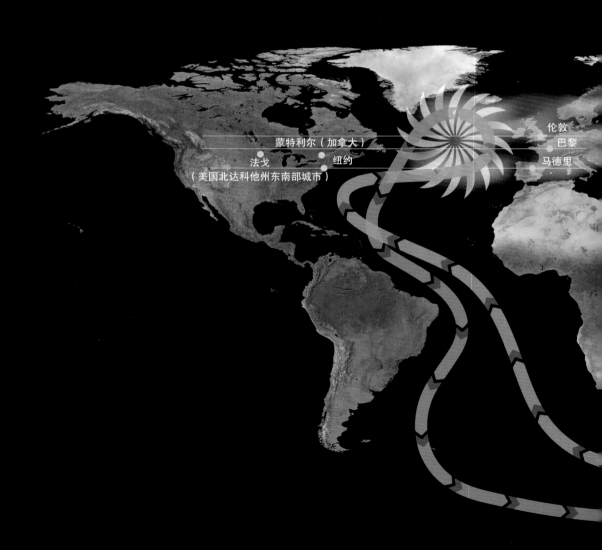

顺便提一下，从墨西哥暖流中蒸发并被运送到欧洲的热量使诸如巴黎和伦敦等城市比几乎同纬度的蒙特利尔，法戈，美国北达科他州等地方温暖。马德里也比相同纬度的纽约温暖得多。

当温暖的水蒸发后，停留在北大西洋的海水不仅更冷，而且更咸，因为盐分并没有蒸发，而是更为集中地留在原地。所以这些海水比一般的海水重，以50亿加仑（227亿升）每秒的惊人速度下沉。当海水直沉到海洋的底部，便形成了向南流动的寒流的开端。

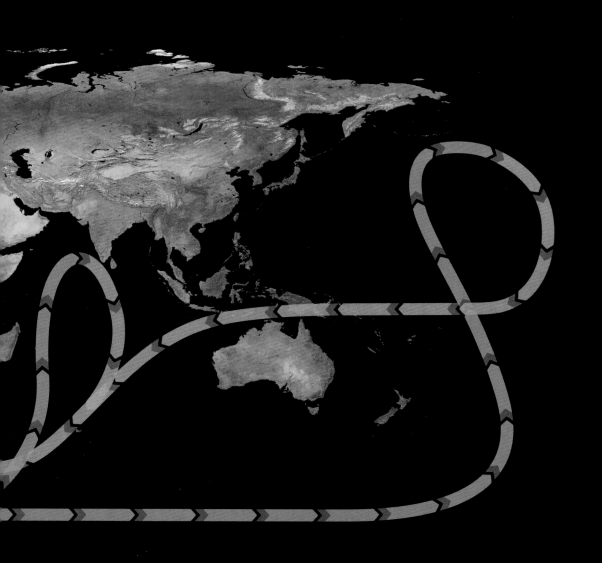

151

当世界上某些地区的温度比其他地区升高得更快时，地球季节变化的古老节奏——春、夏、秋、冬——也在发生变化。

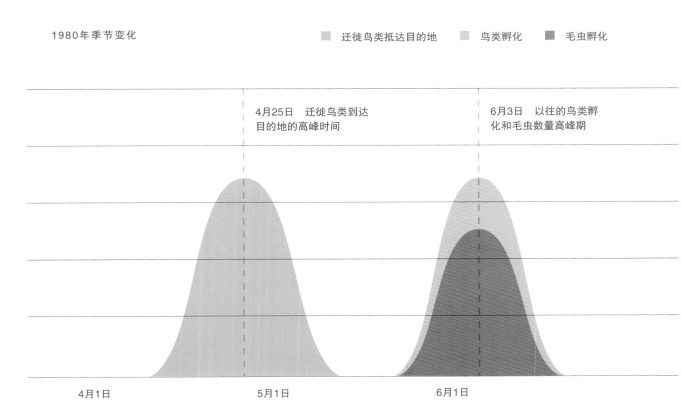

1980年季节变化

■ 迁徙鸟类抵达目的地　■ 鸟类孵化　■ 毛虫孵化

4月25日　迁徙鸟类到达目的地的高峰时间

6月3日　以往的鸟类孵化和毛虫数量高峰期

4月1日　　　　5月1日　　　　6月1日

如图表所示，荷兰的一项研究表明二十五年前迁徙鸟类到达目的地的时间集中在 4 月 25 日，它们的后代在六个星期后孵化而出，6 月 3 日达到高峰，刚好能赶上毛虫数量的高峰期。而在全球变暖的 20 年后，候鸟仍在 4 月底到达，但毛虫数量的高峰期则提前了两个星期，这使得鸟妈妈失去了喂养宝宝的传统食物来源。这些鸟类孵化的高峰期也稍微提前，但不能大幅度地改变，它们的后代因此陷入了困境。

就像这样，全球变暖打乱了不同物种间成千上万种处于微妙平衡中的生态关系。

燕鸥在给幼鸟喂食，荷兰上艾瑟尔省西北部，德威登自然保护区

2000年季节变化

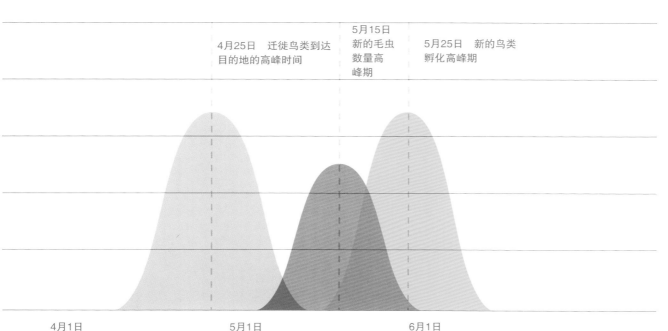

4月25日　迁徙鸟类到达目的地的高峰时间

5月15日　新的毛虫数量高峰期

5月25日　新的鸟类孵化高峰期

4月1日　　　　　　5月1日　　　　　　6月1日

资料来源：《科学美国人》

再举一个我们所知道的关于全球变暖如何打破生态平衡的例子。

下图中的蓝线揭示了瑞士南部每年出现地面霜冻现象的天数骤降，而同时，如橘红色区域所示，入侵的外来物种数量则急剧上升，它们迅速占据了新创造出来的生态位。(生态位是一个物种所处的环境以及其本身生活习性的总称，包括该物种觅食的地点，食物的种类和大小，还有其每日的和季节性的生物节律。——译者注)

美国也出现了同样的情况。例如在西部，较为寒冷的冬天能季节性地降低松林线虫数量，进而抑制极具破坏性的松虫病的扩散蔓延。但是随着霜冻天数的减少，松林线虫逐渐增多，给松林带来严重伤害。

季节变化

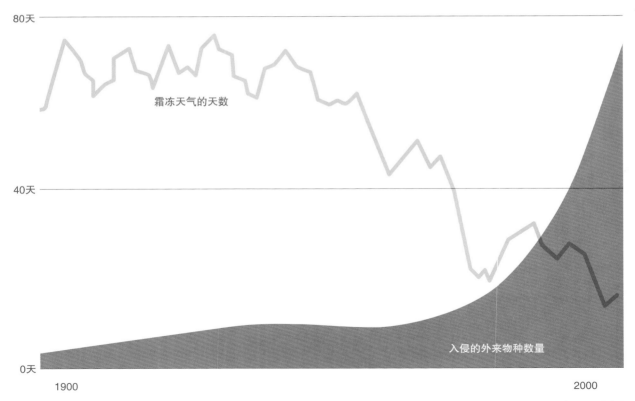

资料来源：《国家地理》杂志

松林线虫带来的破
坏，美国蒙大拿州平
原，1989年

这幅图展示了美国阿拉斯加州与加拿大不列颠哥伦比亚省毁于皮囊虫的1400万英亩云杉的部分情景。这些皮囊虫飞快的繁殖速度曾经一度由于比较寒冷和漫长的冬季而变缓。

2004年阿拉斯加的荷马地区被皮囊虫咬死的云杉树

穿越荒野

—— ◆◆ ——

失去并不可怕,
可怕的是忘记我们曾失去了什么。

当我1971年从越南回来时,我和妻子蒂帕买了一顶帐篷、一台科尔曼炉灶、一架小提灯和两个背包。随后我们把这些东西都塞到我们那辆雪佛兰英帕拉的后备厢里,然后驱车从纳什维尔一路到加利福尼亚,再沿原路返回。一路上我们支帐篷露宿,穿越了整个美国。

我们出发的时候是向北走的,先到达了密歇根。接着我们穿过了北密半岛到达威斯康星州,穿过明尼苏达州到了南达科他州,探访了一个又一个的国家公园、国家森林或国家纪念碑。其中我尤其记得我们在巴德兰国家公园的经历。我们在原始营地上支起帐篷,在那片坚硬荒瘠的景区里走了很久。那里的景色召唤起我们的想象,让我们不由联想到了月亮的表面也应该如此。

随后我们又前往刻有四位总统雕像的拉什莫山,俗称总统山,又去了著名的魔鬼塔,随后又向黄石国家公园和大提顿进发。我们一路跋涉,来到了大盐湖,穿越了唐纳隘口,翻过高岭,穿过国家红木公园,欣赏了那里的红木,最后来到了太平洋海岸旧金山北面的马林县。

当我们向田纳西州返回时,我们领略了约塞美蒂和大峡谷,梅萨维德国家公园和圣菲的美景。这是一次美妙的旅行,也是一次历险,让我们体会到国土的幅员辽阔和我们自己的渺小。我和蒂帕至今回忆起那次旅行带给我们的美好体验仍赞叹不已。当这个国家还在越南战争的痛苦中挣扎的时候,去看一看美国最美好的东西是可以让人的精神为之一振的。此外,1970年和蒂帕结婚之后我便离家很长一段时间,这次旅行也是我们重聚后两人私下里放松的时光。

第二年,我们又驾驶那辆英帕拉,再次进行了宿营之旅。这次我们选择科罗拉多州的落基山作为我们的探险地。

1971 年戈尔与妻子在加利
福尼亚索达斯普陵的高岭

1985年戈尔一家在加利福利亚索达斯普陵野营

的最浪漫的日子。我们在睡袋里过夜，煮食物吃，倾听彼此的话语。至少对于我而言，在那样简单的日子里有着一种与众不同的和平的感觉。

我很幸运娶到蒂帕这样的女人。她最可爱的地方之一就是和我一样热爱大自然。当我们一同在河上泛舟或是登山时，蒂帕常常会说她有一种脱胎换骨的感觉，这也是我所感受到的。当我从整日走在水泥路上，居住在囚笼般的大楼里的生活回归到大自然的时候，我能感到来自内心深处的对宁静祥和的向往充盈了我的身体。这种变化并不是立即发生的，我得逐渐适应它。有时候还必须抛开城市中的狂躁。当最后这一刻到来的时候，带给我的舒畅感就如同深呼吸后感叹道："是呀，我忘记这种感觉了！"

失去并不可怕，可怕的是忘记我们曾失去了什么。也许我不该从我的经历中得出这样一个泛泛的结论，但是我确实感到人类的文明快要被忘却或者正在被忘却，这是十分危险的局面。造成这种局面的一部分原因是我们没有机会和大自然进行交谈。这听上去有点像嬉皮士精神，但如果一个人领略了这个国家原始的自然美景的壮丽之后却不能够让内心获得平静，不能够感受到人类的渺小，不能够恢复活力，那么，我会向这样的人提出抗议。

我相信上帝在创造人类的时候（同时我也相信进化只是上帝所使用的程序之一），他不仅塑造了我们的外形，还

我和蒂帕总是会突然萌发出一些相同的念头，想要出去看看外面的世界，即兴地跑到一些荒无人烟的野外。因此，我们的旅行中总是少不了游艇、背包和帐篷。

当我们的孩子长大了，我们带上孩子又去了一次大峡谷，顺着科罗拉多河向南行了225英里（约362公里）。在这十三天里，白天我们或是划艇，或是徒步；晚上则在河边露营。那段与家人一起度过的日子真是让人兴奋的时光。烈日下，我们躲进大峡谷边上荒无人烟的丛林；夜幕降临，我们生起篝火，彼此讲述着自己在科罗拉多河的激流中探险的有趣故事。

这是我们全家六口人在一起度过

赋予我们生命和灵魂，让我们不受自然的约束却又与之相亲相爱，让我们与自然万物有着密不可分的交融。人类与自然的关系并不是"我"与"它"，而是"我们"这个整体，人就是自然的一部分。

人类的分析能力常常会让我们产生一种狂妄自大的幻想，认为我们特殊，凌驾于万物之上，自然与我们毫不相关。可是事实上，人类的意识和抽象的想象力并没有把我们与自然分割开来。

我知道许多人认为环境与他们的日常生活没有什么关联，我明白这其中的一个原因。当年孩提时随父母住在华盛顿特区的时候，我也曾痴迷于那样的生活节奏。所以每年夏天回到家乡迦太基的时候，我总是很怀念华盛顿的生活节奏。

或许正因为如此，我能够正确地看待那种过于繁忙、人口密集、高度刺激的生活方式。这种生活似乎有魔力占据我们的所有注意力，把商品销售给我们，让我们忙于四处奔波，让我们希望用有那些看上去似乎重要然而实际上毫无用处的东西。这样一个束缚着我们的人造的、非自然的环境似乎就是生活的一切。

与此不同的是，大自然节奏是如此的平缓从容，从不强求人们做什么。这或许对于某些人而言是不具有吸引力的。如果你从未身处自然之中，去感受自然的本质其实就是人类的本质，你绝对不会重视自然的。你会滥用、毁坏自然资源，粗心地对待它却丝毫没有意识到自己的所作所为是错误的。于是，自然就变成了一张徒有其表，毫无深意和自身价值的墙纸。

那些人固执地认为如果能让自然的价值臣服于有利可图的商业机制，那么可以不顾一切地毁掉它，而不去计较这样做会带来的严重后果。

按照这样的思维方式，如果人类活动对自然环境造成了损害，就随它去吧！自然总是可以自我修复的，谁也不必担心。

其实我们今天对自然所作的伤害也是对自己所作的伤害。环境破坏的严重后果是很少有人能预见到的。当自然无法继续进行自我修复，我们应当马上采取措施，停止一切破坏大自然的行为。

上图：1982年戈尔和妻子在加利福尼亚索达斯普陵徒步旅行
左图：1994年戈尔一家在科罗拉多河上，顺大峡谷南下

大玻璃蛙　　大倭狐猴　　白额雁　　弓头鲸

灰头信天翁　　帝企鹅　　金蟾蜍　　马卡罗尼企鹅

科奎鹦鹉（树蛙）　　不飞鸬鹚　　南极海狗　　肉垂鹤

黄眼企鹅　　北极熊　　红胸黑雁　　海豹

世界上许多物种如今正受到气候变化的威胁，其中有一部分已经灭绝。造成这一现象的部分原因是来自于气候危机，部分原因则是来自于人类对于这些物种曾经繁衍生存的地区的入侵。

事实上，生物学家已经开始把我们所面对的危机称为物种大灭绝危机。如今物种灭绝的速率已经比正常速率高出 1 000 倍。

造成物种大灭绝的很多因素也引发了气候危机。这两者是相互关联的。比如说，亚马孙雨林的毁坏使得许多物种消亡，与此同时，也增加了大气中二氧化碳的含量。

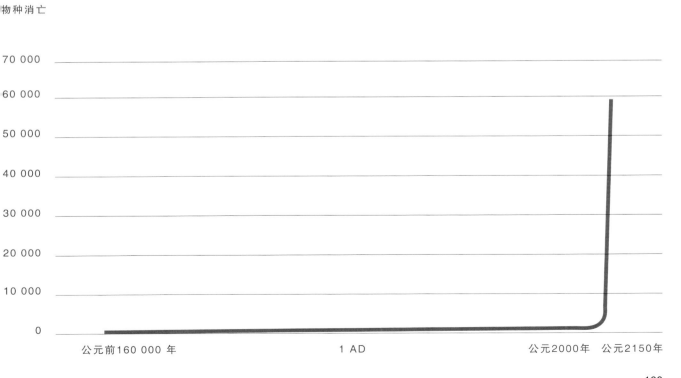

物种消亡

70 000

60 000

50 000

40 000

30 000

20 000

10 000

0

公元前160 000 年　　　　　　　　1 AD　　　　　　公元2000年　公元2150年

资料来源:联合国

163

珊瑚礁对于海洋生物至关重要,就如同雨林对于陆地生物有着举足轻重的作用一样。可是,珊瑚礁如今却因为全球变暖而大面积死亡。

　　2005 年是有记载以来最热的一年。这一年珊瑚礁大量死亡,其中包括了哥伦布第一次来到加勒比海时就茁壮生长着的珊瑚礁。1998 年是有记载的仅次于 2005 年的最热的一年。1998 年据全球统计有 16% 的珊瑚礁死亡。

　　造成珊瑚礁死亡的因素很多,包括附近海岸的污染,不发达地区的毁灭性爆破捕鱼以及海水酸性的增加。但是,科学家认为引起近年来珊瑚礁急速死亡的最致命因素是全球变暖带来的海水温度升高。

　　珊瑚白化是指健康的五颜六色的珊瑚礁变成白色的或是灰色的骨架。这一现象出现的直接原因是以往生活在包裹着珊瑚礁骨架上充当透明薄膜的微生物受到温度升高和其他因素的威胁无法继续生存而撤离珊瑚礁。它们一旦离开,这些薄薄的透明表层便不再被颜色鲜亮的共生藻包裹。于是,表层下面毫无色泽的碳酸钙质的骨架便会暴露出来。珊瑚白化往往是珊瑚死亡的前兆。

2004 年波利尼西亚基里巴蒂的凤凰岛的莴苣珊瑚

全球变暖与大规模珊瑚白化现象之间的联系在 10 到 15 年前还是一个颇具争议性的话题。而如今这两者的联系已经被普遍接受了。

2004 年马绍尔群岛朗格拉普环
礁的白化的珊瑚

珊瑚和其他许多海洋生物正受到前所未有的二氧化碳排放量增多的威胁。不仅仅是因为这些气体在地球大气层聚集造成了海洋温度的升高；还由于 1/3 的二氧化碳最终会沉入海洋,增加海水的酸化程度。科学家最近已经计算出这种毁坏性的二氧化碳增长速率。

　　我们已经习惯于去考虑被排入大气的多余的二氧化碳对人类活动有怎样的负面影响。但是现在,我们不得不开始为海洋受到的负面影响而担忧了。

　　多余的二氧化碳形成的碳酸改变了海水酸碱度和水中碳酸离子以及碳酸氢离子的比例。这些变化反过来影响了海洋中碳酸钙的饱和度。这一点至关重要,因为许多小型海洋生物需要规律性地利用这些碳酸钙作为它们居住场所的基本材料。它们利用这些碳酸钙建成了赖以生存的像珊瑚礁和贝壳那样的坚固的建筑。

　　多余的二氧化碳对我们的海洋所带来的损害可以在右边的三幅西半球的地图上看出。这些图展示了一个适合珊瑚生存的理想海洋。上图中大块的绿色代表着珊瑚生长的最佳情况,这种情况出现在工业时代之前。中图展示了目前的情况。我们可以看出符合珊瑚理想生长条件的海洋面积在急速减少。这是海水酸性增加所造成的。

加拿大不列颠哥伦比亚省的朝阳海星

下图展示的是如果二氧化碳的含量以工业时代之前的两倍的速率增长，海水酸性将会是怎样的情景。如果我们不采取措施加以制止，这种局面将会在45年内出现。如图所示，珊瑚的理想生存环境可能完全消失。

让人震惊的是，由于多余的二氧化碳造成的碳酸钙饱和度降低的情况已经出现在靠近两极地区的较冷的海域。之后随着二氧化碳含量的增加，酸化作用由两极向赤道地区转移。

左边的照片展示的是一只海星。因为海水中二氧化碳含量的增高，这只海星是众多受到伤害的生命之一。

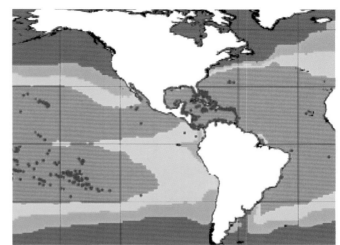

1880年，工业时代之前

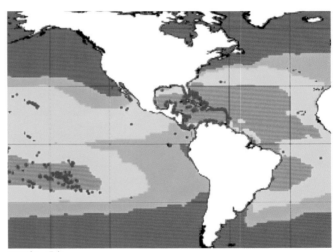

2000年，现在

珊瑚生存的理想海水表层
碳酸钙饱和度

▨ >4.0 理想值

▧ 3.5～4.0 饱和值

▨ 3.0～3.5 最低限值

▨ <3.0 极限值

资料来源：《美国全球变化研究计划》

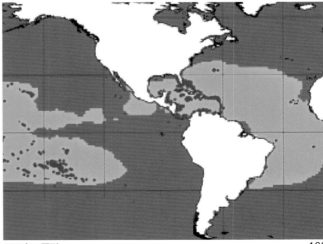

2050年，预测

许多年来，人类活动一直在改变着海洋的化学成分。因此，海洋中形成了许多没有生命的新"死区"。这些"死区"中的一部分是由沿岸人类活动的污染造成的较暖水域里海藻丛生的现象所引起的。这种水体中藻类大量繁殖的现象，被称为"水华"现象。

　　许多地区"水华"现象的增长速度惊人。比如波罗的海的很多度假区在2005年都因为"水华"的原因不得不关闭。

　　佛罗里达的赤潮也是与此类似的一种现象。

2005年瑞典哥德兰岛波罗的海的
"水华"现象

2005年瑞典哥德兰岛海岸附近的"水华"现象

2005年瑞典哥德兰岛波罗的海的"水华"现象

全球变暖导致携带疾病的带菌体数量激增，藻类只是其中一种。当这些带菌体，无论是藻类、蚊子、壁虱，或是其他的具有生命形式的细菌，开始大规模的出现在一个新的地区，它们很有可能和人类接触，那么，它们携带的疾病就会成为一种极大的威胁。

总体来说，在比较寒冷的冬天、夜晚，在比较稳定的气候形式中，人类与细菌病毒的微生物世界之间的关系不那么险恶。此外，我们所面对的微生物的威胁在热带雨林（那里拥有地球上大量物种）等生物多样性丰富的地区得到保护时会大大降低。

携带传染病的带菌体

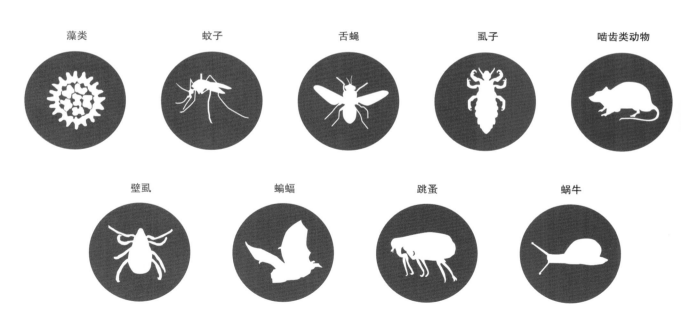

藻类 蚊子 舌蝇 虱子 啮齿类动物

壁虱 蝙蝠 跳蚤 蜗牛

全球变暖正在将原有的自然规律引入一条错误的轨道，使人类不得不面对更多的新型疾病，这些疾病中也包括人类曾一度控制的疾病的新种。

让我们来举一个颇具说服力的例子。蚊虫受到全球变暖的很大影响。有很多城市原来稍稍高出蚊虫线（蚊虫线是用来标志蚊虫不会越过的界限），肯尼亚的内罗毕和津巴布韦的哈拉雷就是这样的两个城市。但是如今由于全球变暖的原因，蚊虫已经越过蚊虫线登上了更高的地区。

蚊虫飞到了更高的地区

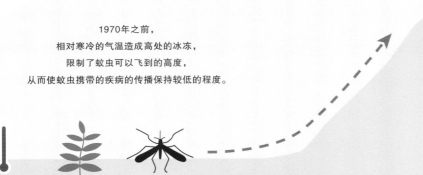

今天，
不断升高的气温使蚊虫飞到了更高的地区，
蚊虫所携带的疾病也随之传播到更多的地区。

1970年之前，
相对寒冷的气温造成高处的冰冻，
限制了蚊虫可以飞到的高度，
从而使蚊虫携带的疾病的传播保持较低的程度。

在过去的 25 至 30 年间，出现了 30 种所谓新型疾病。与此同时，一些曾经已经被我们控制的疾病，又卷土重来。

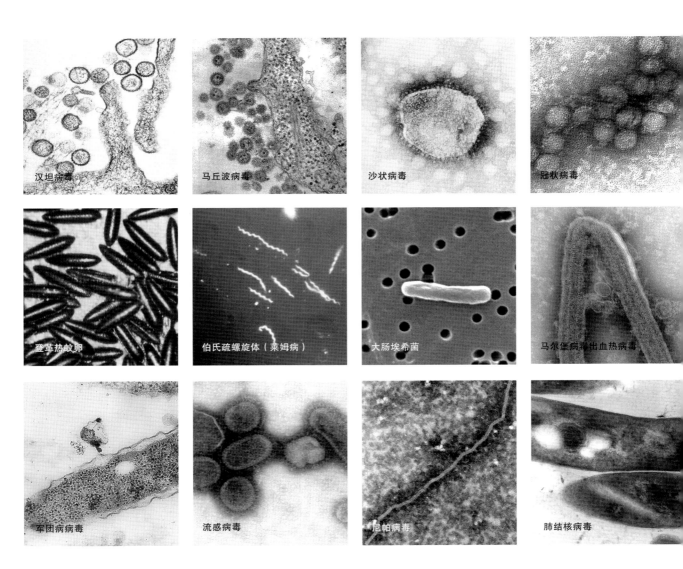

汉坦病毒　　马丘波病毒　　沙状病毒　　冠状病毒

登革热蚊卵　　伯氏疏螺旋体（莱姆病）　　大肠埃希菌　　马尔堡病毒出血热病毒

军团病病毒　　流感病毒　　尼帕病毒　　肺结核病毒

这就是在 1999 年从美国东海岸马里兰州登陆的西尼罗河病毒,在两年内就传播至密西西比河流域。之后,这种病毒只用了两年的时间,便散播至整个美国大陆。

西尼罗河病毒在美国的散播图

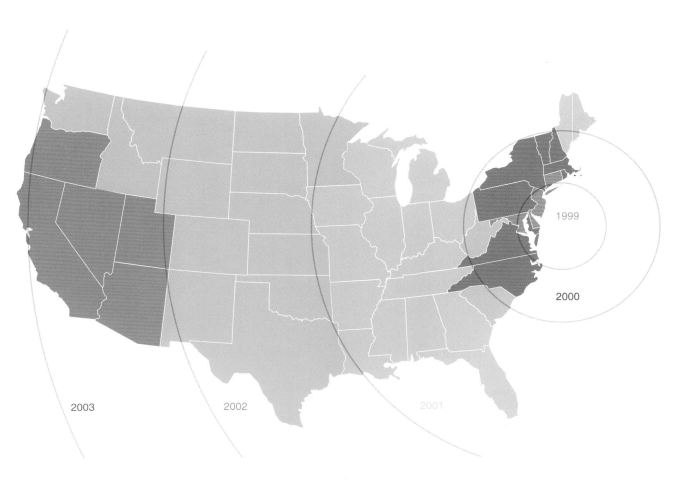

资料来源: 疾病预防中心汇编,加拿大卫生署,美国地质调查局,世界疫症情报网,2003年5月14日

17世纪，英国人将金丝雀放到矿井里检测矿井里的空气质量。如果金丝雀死了，表示矿井里的空气已达到可使人中毒的水平。地球上，有两个地方可以被称为是"煤矿里的金丝雀"。一个是北极，另一个则是南极洲——地球上至今发现的最大冰层。

南极洲让我们有机会在地球上体验一个完全不一样的世界。它是如此的与众不同——无论从任何角度看都是绵延不绝的白色，广袤且寒冷——比北极还要严寒。累累的冰雪掩盖了一个惊人的事实：南极洲其实是一块荒漠。之所以符合沙漠的标准，是因为南极洲每年的降水量还不足25.4毫米。想象一下一个冰雪覆盖的沙漠，真是一个有趣的矛盾统一体。

南极洲是一片中立土地。国际公约冻结了所有国家南极土地的主权要求，禁止在南极地区进行一切具有军事性质的活动。整个大陆仅供各国用于促进和平为目的的科学考察。其中美国依靠国家科学基金会的赞助，在南极科学考察活动中最为活跃。同时，美国还负责阿蒙森-斯科特南极科考站的日常运转工作。

美国主要的科考基地驻扎在南极大陆边缘的罗斯岛。夏季，船只可以从这里向科学考察团输送补给。大片的海冰将罗斯岛和麦克默多海峡附近的陆地连接起来。麦克默多海峡在新西兰的正南方，处于全世界最可怕的海域之上。多数人都是乘坐装备特殊的飞机来到此岛。飞机降落在每年定时开放的冰上跑道。罗斯岛几年前经历了第一次有记录的降雨，但这并不是什么好兆头。

数量可观的企鹅、海豹以及海鸟都栖息在南极洲大陆的边缘。在那里，它们可以从海里获取食物。但是，边缘以外的南极洲就没有生物的迹象了——除了有时会有小队科学家的身影。因为取暖设备的关系，他们没法走太远或做长时间考察探险。

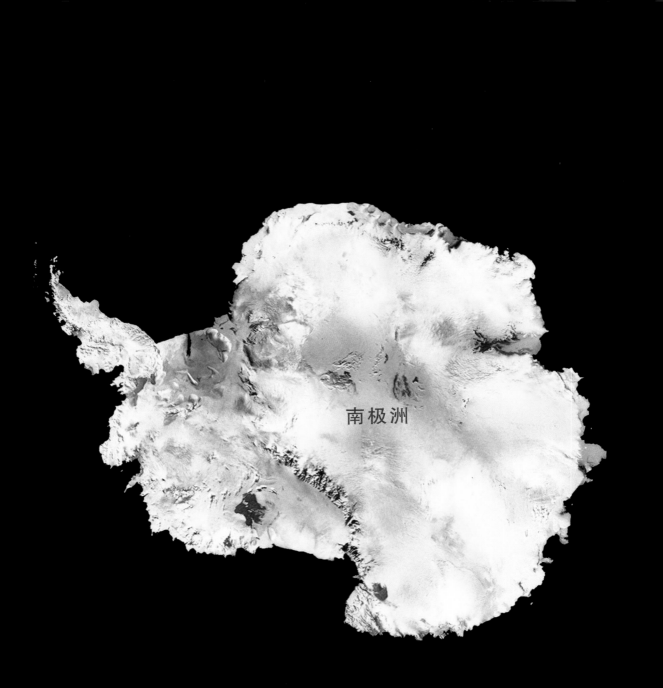

南极洲

南极洲没有金丝雀，但确实有鸟类。最著名的要数在2005年的纪录片《帝企鹅日记》中出演的这些帝企鹅了。

但是，电影纪录片中漏掉了一个事实。根据估算，帝企鹅的数量在过去的50年中减少了70%。科学家们猜想其中最主要的原因就是全球变暖。

帝企鹅日记

观众看完颇受欢迎的电影纪录片《帝企鹅日记》后，会认为南极洲帝企鹅面临的最大挑战是冰天雪地带来的严酷的生活环境。这是完全可以理解的。事实上，地球最南端大陆上的这些居民面临的一大问题是不久的将来，他们的生活环境将不再冰冷严寒。科学家研究发现，生活在帝企鹅聚集地的帝企鹅数量从20世纪60年代开始减少了70%。罪魁祸首很有可能是全球气候的变化。

在20世纪70年代，不断上升的气温和海洋温度也影响到了企鹅的极地家园。每10年，南部海域都要经历自然的气候变化。问题是变暖根本没有停止过。不断上升的温度和越来越强的季风使企鹅筑巢的海冰越来越薄。这些薄冰很容易断裂并且随着海水漂流，将企鹅的卵和幼雏也一起带走。帝企鹅是唯一可以在海里或海上生存的鸟类，甚至可以一直不接触陆地。但是它们用来筑巢的海冰必须稳固，并且连接在陆地上。

虽然科学家不能肯定，但是他们认为全球变暖造成了气温上升，海冰变化。尽管在南极洲只有部分地区海冰减少，但是覆盖陆地的由淡水结成的冰，也称为陆冰，却在整个南极大陆不断减少。美国国家航空航天局通过卫星绘图发现，南极洲的陆冰正在

电影《帝企鹅日记》画面
杰罗姆·梅松/波那·皮奥什版权所有
吕克·雅克执导
波那·皮奥什公司出品

以每年融化310亿吨水的速率减少。帝企鹅以及其他依靠海冰繁殖和捕食的动物，将首先感受到这种变化。

帝企鹅一家
威德尔海，南极洲

179

第一次读到地质学家约翰·墨瑟的文章时，我正作为国会的一员研究全球变暖的问题。他在 1978 年指出："可怕的变暖趋势已经在影响南极洲。南极洲半岛两侧海岸冰架的崩塌将成为我们得到的预警之一。崩塌将从半岛的最北边开始，慢慢向南拓展。冰架将不断破裂。"

右图就是南极洲半岛。每个橘色的部分都代表了在墨瑟向人们发出警告之后破裂的冰架。这些冰架与美国罗得岛一般大小，有的面积甚至超过罗得岛。

标示了 2002 年的红色部分就是被称为"拉森–B"的冰架。下图展示了这个巨型冰架的大小，它大约高于海平面 700 英尺（约 213 米）。

"拉森–B"冰架，南极洲

南极半岛正在消失的冰架

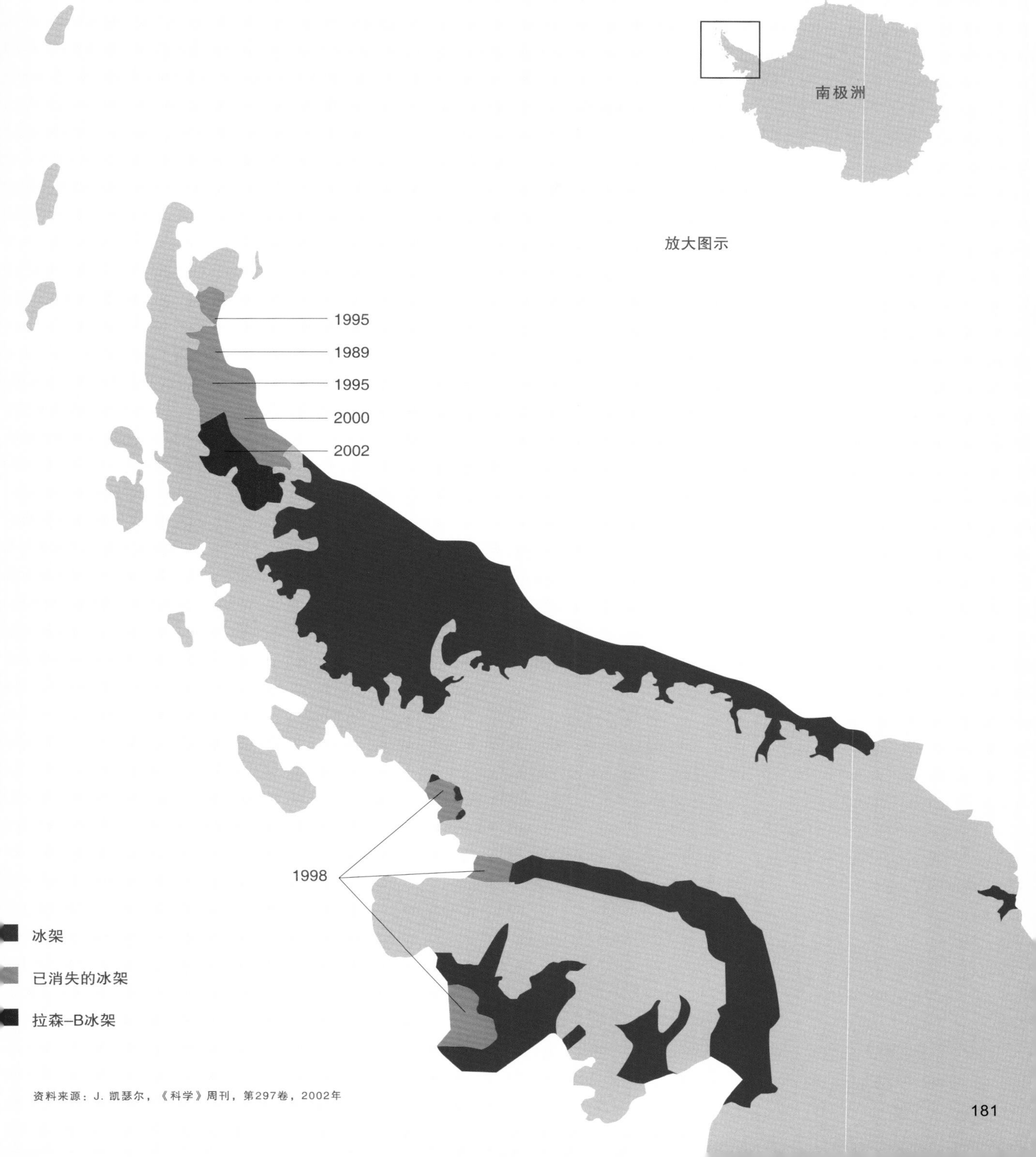

放大图示

南极洲

1995
1989
1995
2000
2002

1998

■ 冰架
■ 已消失的冰架
■ 拉森–B冰架

资料来源：J. 凯瑟尔，《科学》周刊，第297卷，2002年

下图就是拍摄到的"拉森–B"冰架，长约150英里
（约241公里），宽约30英里（约48.3公里）。

当看到冰架顶部的黑色水塘时，你会感觉好像是在
透过冰架看底下的海洋。这只是一个错觉。实际上，这
些是冰水融化积蓄在冰架表层的水塘。

"拉森-B"冰架

资料来源：J. 凯瑟尔，《科学》周刊，2002年

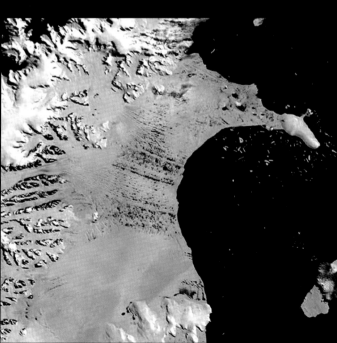

2002年1月31日卫星拍摄的"拉
森–B"冰架图像

2002年2月17日拍摄

科学家们曾认为即使受到全球变暖的影响,这个冰架也至少在下一个世纪里还能保持稳定。但是从2002年1月31日开始,在短短的31天里,它就完全崩塌断裂了。事实是,冰架的大部分在两天中就消失了。科学家都十分震惊。他们不能理解为什么这一切发生得如此迅速。于是,他们回过头来研究为何他们的预测与现实相差甚远。

科学家们发现他们对于冰架顶部融化冰水构成的水塘做出了错误的设想。他们以为那些冰水会回流进冰架并且再度冻结成冰。现在他们才知道,这些冰水会直接流到冰架底部,使冰架好像瑞士奶酪一样多孔疏松。

资料来源:成像光谱仪拍摄照片,美国航空航天局特拉星拍摄

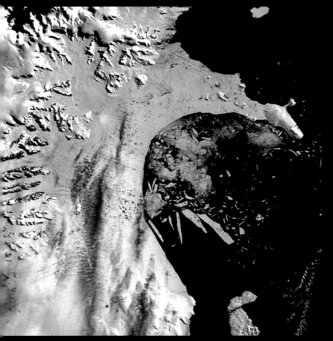

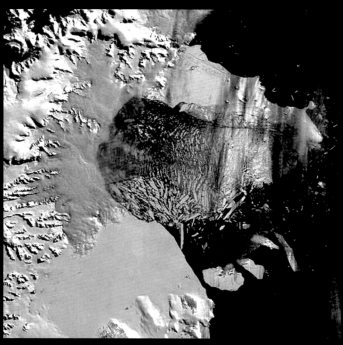

002年2月23日拍摄

2002年3月5日拍摄

一旦以海洋为基础的冰架消失了，其后以陆地为基础的冰架就会开始移动并落入海里。同样，这令我们难以预料，而且关系重大。因为冰——无论是在南极洲或格陵兰岛的冰山还是以陆地为基础的冰架——融化和掉入海中都会使海平面上升。

　　这是全球海平面一直上升的原因之一。如果全球变暖不能尽快停止，海平面还将不断地上升。

亚茨冰山裂冰正面，兰格尔-圣伊
莱亚斯国家公园，阿拉斯加州，
1995 年

很多太平洋群岛低地国家的居民已经因为不断上升的海平面被迫离开了他们的家园。

富纳富提高潮时分,图瓦卢
波利尼西亚群岛

流经伦敦的泰晤士河是一条潮汐河流。最近的几十年间，暴雨涨潮时不断上升的海平面带来了不小的危害。于是25年前，伦敦市建造了这些可以闭合的防洪闸来保护城市安全。

下图显示了伦敦近些年来使用防洪闸的频次。在建造之前的数据是伦敦根据估计得出的防洪闸当年的使用次数。所生成的图像和其他全球变暖效应的测量结果是相似的。

可能有更多的海域海平面上升，或上升速率加快，这都取决于南极洲和格陵兰岛的变化——也就是我们是否会就全球变暖问题作出一系列相关的选择。

每年关闸频次

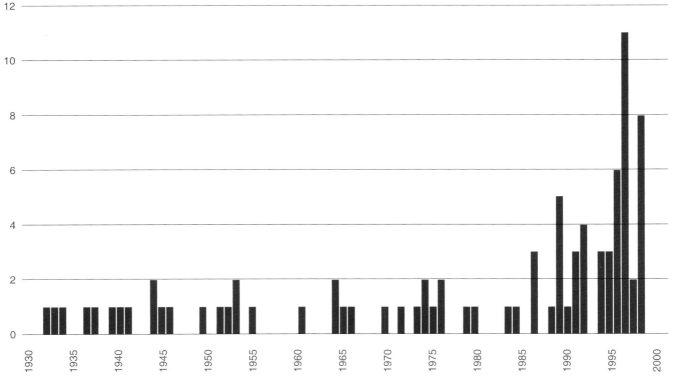

资料来源：英国环境署

现在,让我们来考虑一下南极洲和格陵兰岛那些大面积岌岌可危的冰川。

东南极洲冰架是全球面积最大的冰川,而且人们认为它的体积还在持续增长。但是,2006年两项新的调查却有了不同的发现。首先,南极洲东面的冰块体积正在减小且85%的冰川正在加速漂向海中。其次,研究指出在冰层上方测量的气温上升迅速,其速率高过了地球上所有地方的升温速度。这个发现令人震惊。与此同时,科学家却无法解释为什么会出现这样的情况。

我们仍然认为依靠着南极陆地顶部的东南极洲冰架长时间以来都比西南极洲冰架要稳固很多。这个特殊的地理现象有着很大的意义:一是东南极洲冰架的重量主要落在陆地上,所以它不会像浮冰一样和海水发生置换。一旦它溶化或脱离陆地滑落海中,将会使全球海平面升高20英尺(约6米)。二是大部分冰架底部都有海水流经。科学家们已经证明:随着海水温度的不断升高,冰架底部的结构正在发生重大且令人担忧的变化。

有趣的是,西南极洲冰架和格陵兰岛冰盖体积大小都几乎相同。同样地,如果它融化且滑落海中,也将使全球范围内的海平面升高20英尺。

西南极洲冰架

东南极洲

格陵兰岛

这些格陵兰岛图片向我们展示了那里冰架的巨大变化。2005年,我曾乘坐飞机去格陵兰岛,亲眼目睹了覆盖冰架表层由融化冰水形成的水塘。左下方的照片是我的好友,哈佛大学的吉姆·麦卡锡博士拍摄的这样一片水塘。这些水塘一直都有,但现在整个冰架表层上的水塘面积越来越大。这使问题变得严重。吉姆·麦卡锡博士指出,这些冰川消融形成的水塘和当年他和其他科学家在"拉森-B"冰架突然崩裂之前看到的冰架表层水塘是一模一样的。

我们已经知道格陵兰岛上和南极洲半岛上的这些融化的冰水会一直流淌到冰架的底部,造成深深的裂缝并且劈出道道垂直的管道。科学家称这些管道为锅穴。

当融化的冰水到达冰架的底部,将对岩床产生润滑作用,从而使整个冰川摇动。冰川也可能因此更快地向海里滑去。

下图向我们演示了融化的冰水是如何在格陵兰岛冰架上通过缝隙和锅穴劈出道道裂缝的。右图就是锅穴的照片——刚融化的冰水组成一股急流,涌向冰架底部的岩基。从照片顶部科学家的大小可以看出这个锅穴有多么巨大。

冰水融化形成的水塘,格陵兰岛,2005年

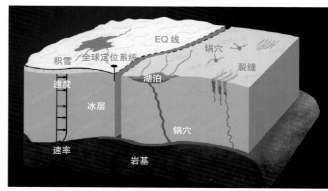

一股融化的冰水瀑布般从北极冰
原流下，格陵兰岛，2005 年

从某种意义上来说，冰川的季节融化一直存在。而锅穴在过去也形成过。但是过去的这些现象都与现在的不同。最近这些年，冰川消融一直以十分危险的速度加快。

1992年，科学家们测量了格陵兰岛冰架融化的面积。下图红色的部分显示了冰架融化的区域。

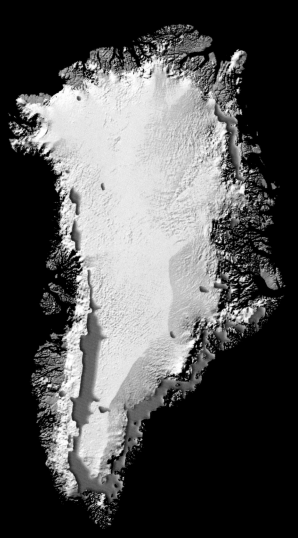

1992

2002年，也就是10年之后，冰架的融化加剧。

2005年，融化的速率更是前所未有地增长。

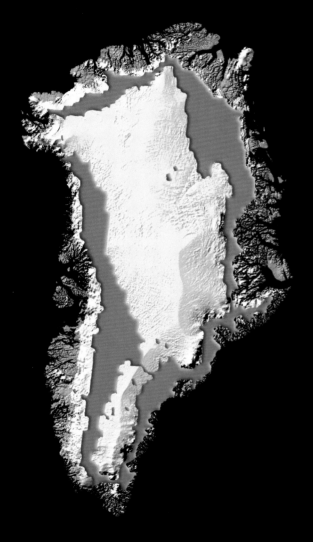

2002

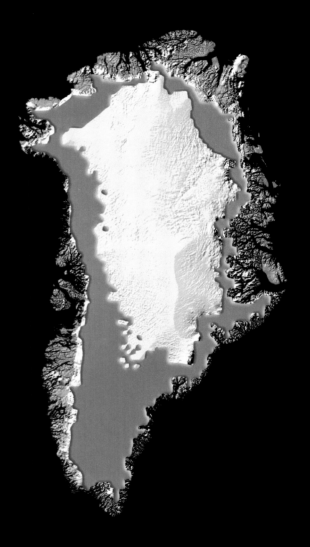

2005

资料来源：《2005年北极气候影响评估计划》

如果格陵兰岛冰架融化、崩裂并滑入海中，或者仅格陵兰岛冰架的一半这样，全世界的海平面将平均升高 18 到 20 英尺（约 5.4~6 米）。

英国首相托尼·布莱尔的政府首席科学顾问大卫·金爵士和其他很多科学家一样，对于海洋冰架变化造成的潜在影响向人们发出了警告。2004 年，在柏林召开的一次会议上，大卫说：

"世界地图要重新描绘了"

——大卫·金爵士，英国政府首席科学顾问

THE MAPS OF THE WO
TO BE REDRAWN.
SIR DAVID KING, U.K. SCIENCE ADVISOR

RLD WILL HAVE

佛罗里达可能变成这样。

圣弗朗西斯科（旧金山）海湾可能变成这样。

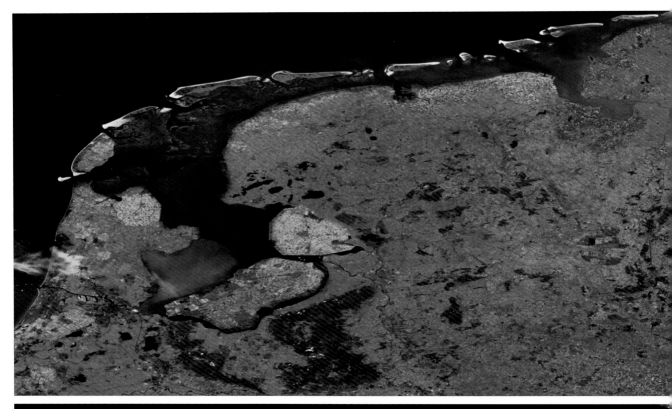

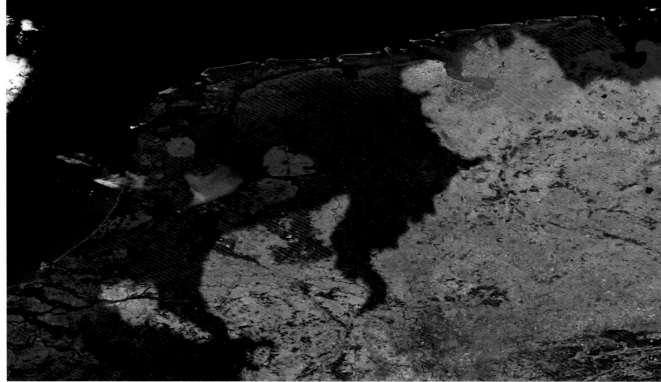

这是荷兰可能面临的情况。如果海平面上升，对于世界上平均海拔最低的国家之一的荷兰来说，后果不堪设想。

但是在处理海洋问题上颇有经验的荷兰人，已经组织了建筑竞赛，要求参赛者建造可以浮在水上的房子。右图是一栋浮动房屋。

浮动房屋,荷兰阿姆斯特丹市,2000 年

北京及其周边地区将会面临如下情况。

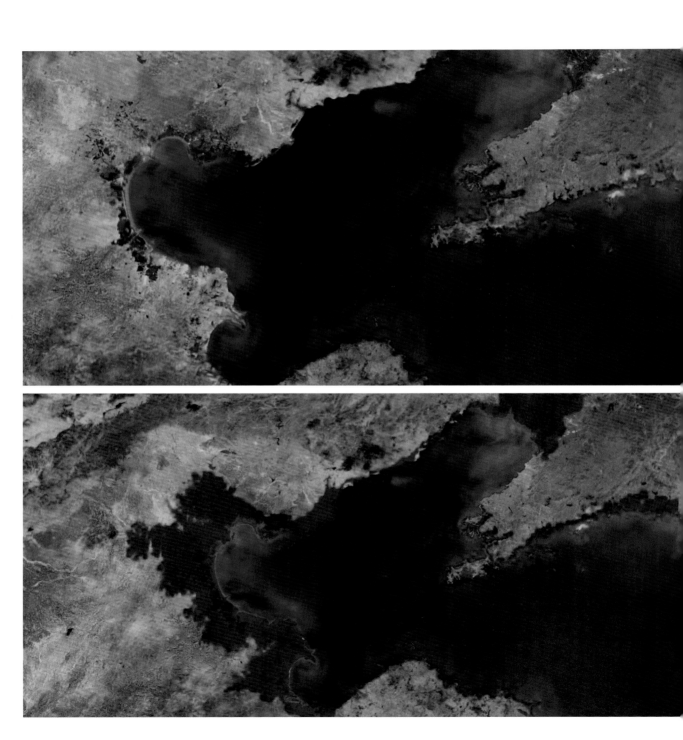

上海及其周边地区将会面临如下情况。

在孟加拉国和印度的加尔各答，6 000万人将被迫离开家园。

在曼哈顿,修建"世贸中心纪念碑"的本意是表明美利坚合众国绝不允许类似灾难再次降临自己国家的决心。

但右图却告诉人们如果海平面在世界范围内上升20英尺,曼哈顿会发生什么——世贸中心纪念碑将被海水淹没不复存在。

"世贸中心纪念碑"

除了打击恐怖主义，
我们是否也应该为其他
严重的危险和隐患做出防范呢？
或许是留意其他这些危机隐患的时候了。

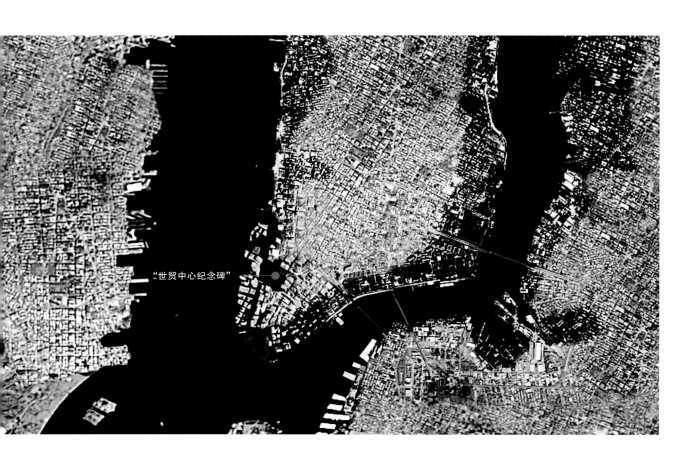

"世贸中心纪念碑"

为公众利益服务

美国宪政民主制度仍有平衡民众
尊严与政府权威之间关系的潜力与空间。

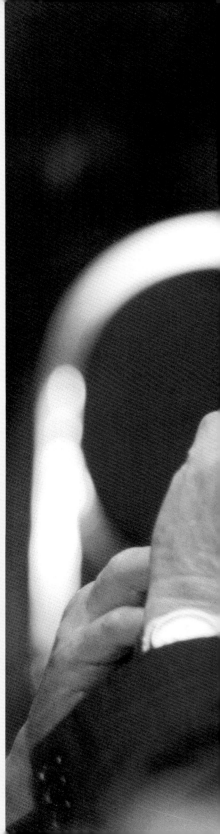

我的父亲对我来说就是一位英雄。我敬佩父亲,希望能成为父亲那样的人。许多男孩都选择子承父业,出于与他们相同的原因,我在年少时便立志像父亲一样将公共服务事业作为自己的职业。

1948年我出生时,父亲已在国会任职了10年。在我四岁时,父亲入选参议院,一直供职到我大学毕业服军役去参加越南战争。父亲在参议院和众议院总计供职32年,他为人坚强勇敢,富有远见,刚正不阿。我还只是个小男孩时便常想,我能像父亲一样就好了!

但我稍大点后发生了两件事情。一件事是目睹父亲1970年再次竞选美国参议院失败,其原因主要就是父亲勇敢站出来反对越战,支持废除学校的种族隔离制度,提倡选举权利,坚持高举宪法原则去抵抗尼克松-阿格纽政府的攻击。第二件事是我看到了美国政治的变化,它已不再是我年轻时所经历的那样了。举个例子来说,负面的电视广告将丑陋刻薄的新论调带入了政界,现在政治对于我再也没有了与年轻时相同的吸引力。作为随军记者在越战服役回国后,我发觉自己彻底失去了年少时对政治的热情,反而觉得从政是我这辈子最不愿干的事情。所以,我选择去《纳什维尔的田纳西人报》当了名记者。

阿尔·戈尔与其父亲老戈尔先生在
华盛顿特区,1993年

给我留下最深刻印象的是在从事民主工作时感到的溢于言表的兴奋。
我认为从事民主工作的方法应该是：听取大众意见，与民众讨论他们的想法，
并在立法程序的大背景下使其有实际意义。

但是，在当了五年记者报导公众事物后，我重新燃起了对民主政治的热情。一方面我从圈外人的角度密切关注政坛，另一方面也一步一个脚印地重返政治舞台。后来，1976年我们区的议员突然退休，我有机会参加了竞选，获得了田纳西第四选区竞选的胜利。

在当时，获得选举胜利的关键就在于要赢得民主党，特别是田纳西中部地区民主党人的支持，这是因为当地共

和党人数太少以至于没有为大选提名候选人。所以，紧接着八月的初选，我拟定出竞选国会议员的计划，虽然要到下一个一月才能走马上任。我的第一项活动是前往橡树山脊国家实验室，在那里花上几天时间潜心了解能源与环境方面的最新研究成果。即便在那时，这些也是我工作的重中之重。接着，我在将我选为代表的25个县里举行了一系列城镇会议（我将其称为"公开会

议"，这种会议我参加了不少）。

给我留下最深刻印象的是在从事民主工作时感到的溢于言表的兴奋。我认为从事民主工作的方法应该是：听取大众意见，与民众讨论他们的想法，并在立法程序的大背景下使其有实际意义。这对我而言是一种全新的感受。它一方面激发了我年少时立志从事公共服务的热情，另一方面它的意义又远不止这些。这是一种更深层的感受，真实而强烈，令人感觉良好，也让我珍爱不已。

人们有太多理由怀疑当今美国民主制度发挥的作用，以及候选人和当选的官员。我完全能够理解为什么有那么多人对美国政府的表现，特别是近些年的表现，那么失望。

但是，尽管存在这些负面的因素，美国宪政民主制度仍具有强大的力量和不能为人们所忽视的长处。美国宪政民主制度仍有潜力平衡民众尊严与政府权威之间关系的潜力与空间。

美国宪政民主制度让我明白的最

戈尔和父母在田纳西州纳什维尔市一起庆祝戈尔的父亲再次竞选美国参议员成功，1958年

阿尔·戈尔及其妻子和女儿,于1976年在迦太基宣布参加他的第一次国会竞选

重要的事情,是自由精神。我首先从父亲身上学到这种精神,然后从和我所在的国会选区选民的互动中又有所领会,在担任议员和副总统时更加深入了解了自由精神。自由精神驱使着托马斯·潘恩、帕特里克·亨利,还有我们的祖辈以及每一代人中真正的爱国志士等待时机,点燃自由之火。

自从2001年离开白宫后,我认识到除了参加竞选和从事政府工作之外,还有许多为公众服务的方式。现在我以个人的立场去领会一个普通公民试着改善民主制度所取得的成就。谈论国家面临的问题,力图描述国家遇到的困难和解决之策,这些都是我们的开国元勋留给我们的一种公共服务的形式,它对维护民主制度的存在是必不可少的。詹姆斯·麦迪逊总统

曾写道"掌握信息的美国公民"是美国宪政民主制度的基石。我想我从未想到自己作为一个普通公民如此享受为民主事业服务。但当我竭尽所能,将真相以及面对真相我们能采取的行动展现给公众时,我觉得自己再次回到1976年在田纳西中部竞选的状态。写此书的过程,其实也是我寻找当年那种激情的过程。

我们正在目睹人类文明与
地球之间从未有过的剧烈撞击。

堆放在墨西哥城的垃圾。墨西哥，
1992年

人类文明与地球生态系统的根本关系已被三个关键因素彻底改变。

首先，是人口数量的爆炸。控制人口在一些方面取得了成绩，比如全世界的死亡率和出生率都在下降，平均家庭规模在缩小。但是，即使这样，世界人口增长的推动力仍十分强大，"人口爆炸"仍在持续，并继续改变着人与地球的关系。

如果看看历史上人口的增长趋势，我们可以明显看出，最近200年的人口增长是对之前1000年人口增长模式的颠覆。科学家推断的人类最早出现时间是在160 000 ~ 190 000年之前，从那时起到基督耶稣和恺撒大帝生活的时期，人口数量只有2.5亿。到美国1776年建国时，世界人口数量上升到了10亿。在二战后婴儿潮时期，人口数量刚刚突破20亿。从我出生到现在，人口数量飙升到了60.5亿。我们这一代人还会见证人口数量突破90亿大关。

用图像表示这一点是如此简单而有说服力：人类人口用了一万代人的时间才增长到20亿。随后人口数量就如坐火箭一样，在短短的我们这代人的生存时期里，从20亿将飙升到90亿。我们这代人肩负着这样的道德义务：从人与地球的关系的角度考虑所发生的这些巨大变化。

人类历史上的人口数量增长

第一代现代人类

公元前160 000年　　公元前100 000年　　公元前10 000年　　公元前7000年　　公元前6000年　　公元前5000年　　公元前4000年

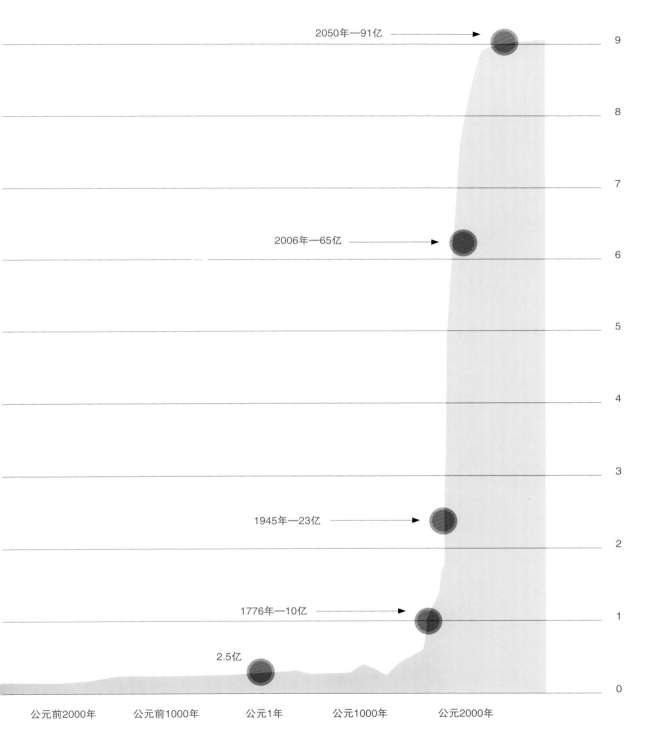

2050年—91亿

2006年—65亿

1945年—23亿

1776年—10亿

2.5亿

公元前2000年　　　公元前1000年　　　公元1年　　　公元1000年　　　公元2000年

人口（亿）

9
8
7
6
5
4
3
2
1
0

资料来源：联合国

绝大部分的人口增长来自于发展中国家，同时也是世界贫困现象最
为突出而密集的地区。

日本东京新宿地区，1996 年

而其中增长最快的要数**城市人口**。

人口数量急剧上升导致了对食物、水、能源，还有对地球自然资源的巨大需求。这给许多生态系统脆弱的地区带来了不可承受的压力，比如说森林。特别是热带的雨林。

工人正在伐木，巴西的塔帕若斯
国家森林，2004年

砍伐后的树桩和砍痕，华盛顿州
的尼尔岔口，1996年

如何对待森林，这是一个问题。

海 地

这是海地与多米尼加共和国的边界，海地有一套政策，多米尼加共和
国有另外一套。

多米尼加共和国

亚马孙流域正在遭受无与伦比的破坏。此处是两张巴西的朗多尼亚地区的卫星照片。两张照片拍摄时隔26年。

巴西朗多尼亚地区，1975年

朗多尼亚地区，2001 年

大部分森林遭破坏是由焚烧树木造成的。每年排入大气中的二氧化碳几乎有**30%**来自树木焚烧,有的是自给自足的农业为了变林为田而焚烧灌木林,有的是为了做饭当作柴火烧掉了。

农场工作人员正在焚烧雨林以腾出土地建造牧场。巴西朗多尼亚地区,**1988**年

持续升高的温度将土壤和树叶烘得透干,引发了更多的野火,越来越热的空气还导致闪电频发。

下图显示了美洲大陆近50年来重大野火数量呈持续上升趋势,而且我们发现其他地区也呈现上升趋势。

美洲大陆重大火灾数量统计图 (每10年)

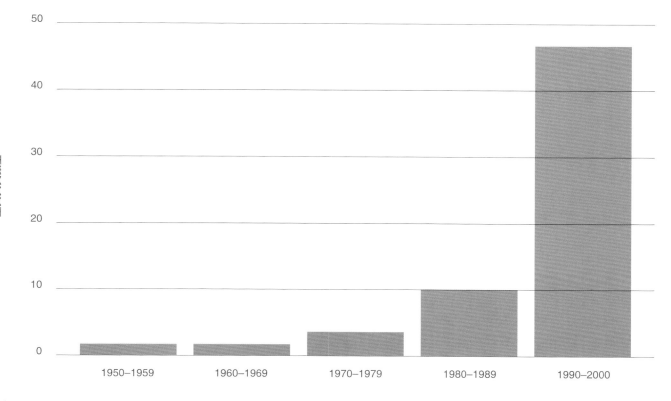

图片来源:《千年生态系统评估》

下图是美国国防部卫星经过六个月的延时摄影拍下的地球夜间景观
图。白色区域代表着夜间发光的城市；蓝色区域代表在夜间活动的大型
捕鱼队，这种捕鱼队多分布在亚洲和巴塔哥尼亚；红色区域则代表有火在
燃烧，非洲红色区域较多是因为人们普遍燃烧木材来烹饪食物；黄色区域
代表油田上的油气燃烧，西伯利亚的油田看起来比波斯湾的还大，是因为
更多的波斯湾油气已经被开采，而不是被烧掉了。

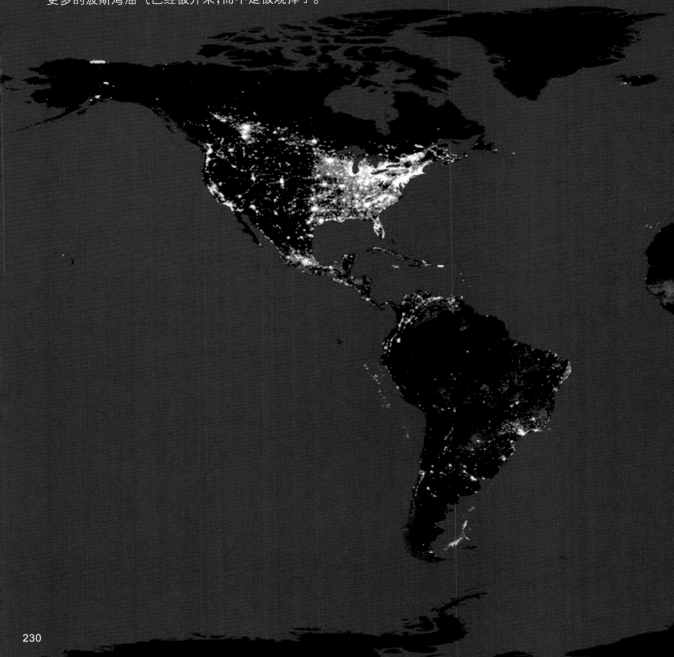

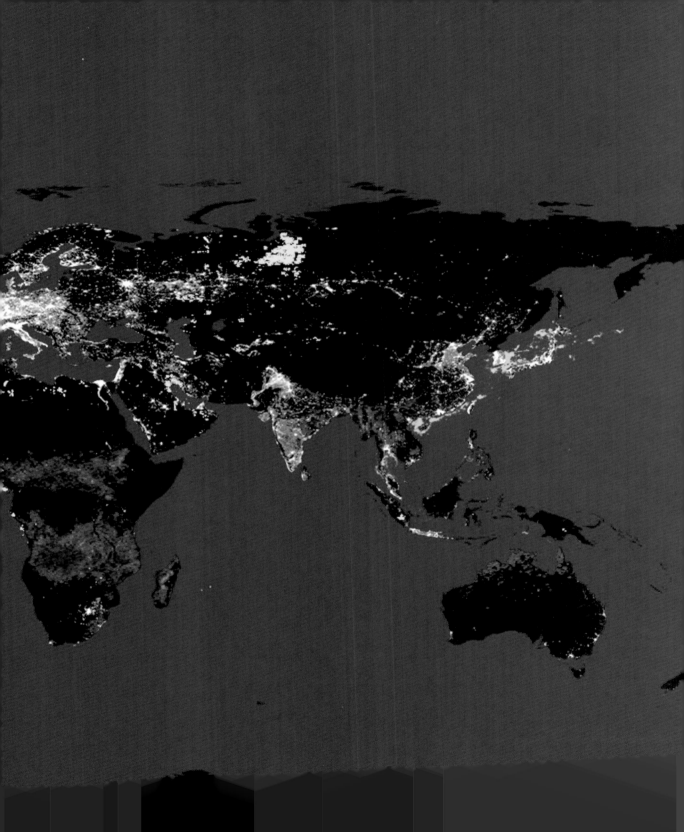

由此，我们又看到了改变人类同地球关系的第二个因素——科技革命。

科技新发展使我们在医学、信息交流等许多领域取得了巨大的进步。在享受新技术给我们带来好处的同时，我们也无法忽视许多没有预想到的副作用。

面对新的科学技术，我们并不是总能用新的思路来理性地利用它。比如说我们会不加考虑地用旧的习惯来利用新的科技力量，这种旧习惯确实是很难改变的。

以下这些简单的公式表明如果强大的新科技和那些不理智的旧习惯联姻，产生的后果将变得非常可怕。

旧习惯
＋
旧技术　　＝　可预见性后果

甚大天线射电天文观测台，索哥路，新墨西哥州

旧习惯
　+　　　=　不可预见性后果
新技术

以下例子可以解释这些公式。

战争是一个古老的习惯。如果战争使用的武器还处于矛刀弓箭或是枪弹的技术水平，其结果虽然可怕，但仍然具有可预见性。

然而，1945年，核武器这种全新的技术彻底打破了这种平衡。

因此，我们开始重新估价并改变战争这种旧习惯。虽然已经有了一些进步，比如说以冷战代替毁灭性的核战争，但仍有许多工作要做。

上：花瓶图案上描绘了古希腊重
　　装步兵间的战争，约公元前
　　600年
下：齐佩瓦族战争图，1812年

上：十字军战争图，约1250年
下：第一次世界大战中的德国士
　　兵，1914年

核弹试爆, 内华达州, 1957 年

与此类似，人类为了在地球上生存，一直都在用相对来说比较基础的技术不断地开发利用地球上的资源，比如说耕地、灌溉、挖掘等。这些最基本的技术至今都已发展得非常先进了。

耕地的农民，泰国北大年省，
1966年

收割粮草的农民，艾奥瓦州，
2000 年

如今，人类改造地表的能力已经很强了。同样，每项人类活动都借助了
比以往更先进的工具来完成，由此往往会带来难以预计的后果。

墨西哥坎尼的铜矿带，1993年

长期以来，灌溉为人类创造了许多奇迹，但是现在，人们已经有能力根据自己的意愿来改变巨大河流的航道，而不用屈从于自然的力量。

如果我们过多地改变水流流向，而不顾及大自然的规律，河流有时就会断流，在流入大海之前就干涸了。

亚利桑那州的科罗拉多河上游景观，2002 年

亚利桑那州的科罗拉多河上游景
观，2003 年

苏联曾经一度从阿姆河和锡尔河两条河中调水灌溉棉花田，这两条河似乎取之不尽用之不绝，它们是咸海的重要水源。

　　然而几年前我去那里时，看到了一幕奇怪的景象：一个庞大的捕鱼船队困陷在沙滩上，眼前看不到一滴水。下面这幅图就是那个船队的一部分，在图中我们还可以看到绝望的渔民们为了降低海岸线消退的速度而挖掘的运河。

哈萨克斯坦干枯的咸海上搁浅的
渔船，1990 年

如今，整个咸海基本上已经消
失了。

从咸海的故事中，我们可以得到一个很简单的启示：在处理人类与大自然的关系时犯下的错误可能导致难以预料的严重后果，因为很多新技术只是给了我们新的力量，却并没有给我们新的智慧和思路来正确使用这些力量。

这幅图正说明了一些新技术确实让人难以适从。

英格兰的费里布里奇燃煤发电站

卫星拍摄并经过合成处理的地球
夜间图像,1994 ~ 1995年

人类所创造的新技术，再加上人口庞大的数量，使我们人类这个整体成为了一种强大的自然力量。拥有更多新技术的人们应该有更多的道德约束，从而理智地使用新技术。

资料来源：美国航空航天局

如右上图所示：如果比较一下中国、印度、非洲、日本和欧盟同美国的二氧化碳排放量，很显然，美国的排放量远远超过了其他国家和地区。

当然，人口数量也应该予以考虑，如果考虑人口数量，如右下图所示：中国的份额增多了，欧洲也一样，但美国仍然远远多于其他国家和地区。

二氧化碳交换市场

20世纪80年代，美国部分地区遭受酸雨侵蚀，尤其是东北部。于是政府出台了一项新政策来改善遭受污染的环境。国会启动建立了一个温室气体限量管制与交易系统，通过该系统，人们可以买卖二氧化硫这个造成酸雨的主要元凶的排放权。该政策受到了民主党和共和党的一致支持，它利用市场的力量大量减少了二氧化硫的排放量，还使一些先进的公司和企业从环境保护中受益。

用类似的方法同样可以减少二氧化碳的排放量，欧盟已经开始采用美国的这种方法了，而且效果明显。然而美国国会却还没有通过一个联邦性的控制二氧化碳排放量的方案，但有一个地方已经建立起了有效的二氧化碳买卖市场，而且运行得很好，那就是芝加哥气候交易所。芝加哥气候交易所是一个雏形初现的市场，它建立在一个很简单的前提上，那就是：减少二氧化碳的排放量是有价值的，并不是一个理想化的目标，花这个钱是值得的。

许多在行业中领头的大型企业，如福特、劳斯莱斯、IBM和摩托罗拉等公司都开始投资试验这个项目，很显然，一些企业的领导者已经看到了控制全球气候的必要性，也开始努力寻求新的办法来解决这个问题。芝加哥气候交易所的一个目标就是要寻求运作二氧化碳市场的最好方法，到政府推出全国性温室气体限量管制与交易系统的时候（也是大势所趋），问题都已经解决了。

目前，芝加哥气候交易所的成员已经自愿联合起来，承诺要减少6种温室气体的排放量。每个成员的排放量都被换算成可以交换的分值，然后交换市场就像一个金融市场一样运行了。如果参与者可以超额完成减量目标，就可以卖掉"碳指标"，获得利润；但如果没能达到减量目标，就只能向别人买"碳指标"了。

碳指标的价格取决于有多少公司在买而不是在卖碳指标。目前，卖的比买的多，因为这些公司都超额完成了减量任务，所以碳指标的价格很低。欧洲的碳市场更先进，在那里，碳指标价格更高，因为他们的碳排放许可是由政府控制的。

世界其他地方也有向这个方向发展的趋势。比如说加拿大的蒙特利尔商品交易所和印度的孟买商品交易所，他们的温室气体限量管制与交易系统市场正在建设当中。这些市场鼓励碳市场向全球格局发展，最终将统一到一个单一的世界市场中。

在美国，州一级的碳贸易系统有了一些进步，包括由东北部各州首创的地区性温室气体组织，同时加利福尼亚州也正等待立法通过。然而，迄今为止，真正在行动的只有芝加哥气候交易所这个私人创立的组织。

许多企业加入到这个组织的行列中来，它们想获取一些适应这种市场的经验，这也激励人们开发减少温室气体排放量的项目。对交易所的奠基人之一杜蓬来说，最大的好处就是为贸易系统制定规则和程序的机会来了。有了该组织的介入，公司就需要提高能源利用率，减少生产过程中的温室气体产生量。

各种组织都可以加入芝加哥气候交易所，现在其成员已有很多，包括如世界资源机构等非政府组织，如加利福尼亚奥克兰市，还有俄克拉何马大学等。

芝加哥气候交易所正带领着我们走向一个美好的未来，到那时，减少温室气体排放量不仅可以带来环境效益，还可以带来经济效益。

人均碳排放量

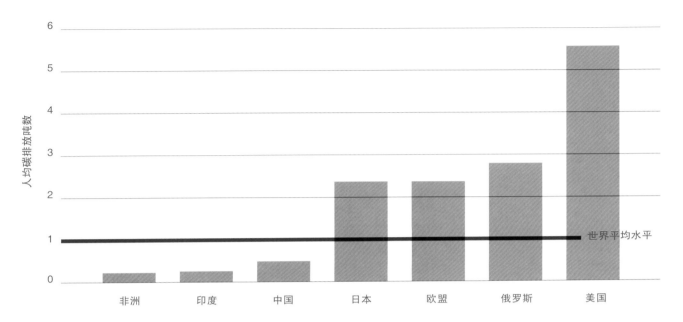

各国（地区）碳排放量

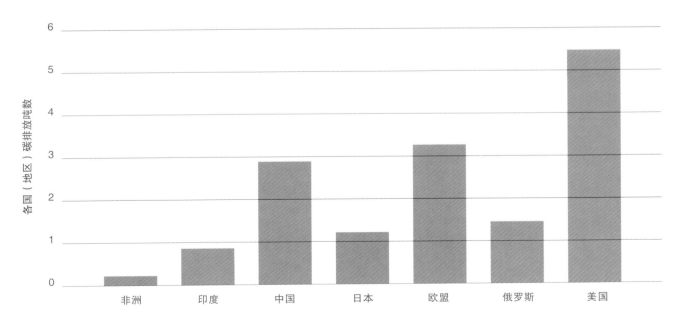

资料来源：世界资源研究所

基本数据资源：美国能源部，能源信息情报署，国际能源年报，1999年

注：显示碳排放量与化石燃料消耗量的关系

第三个，也是最后一个引起人类与自然之间冲突的因素既是最微妙的，也是最为重要的，那就是我们考虑气候危机这一问题的基本方式。

在考虑气候危机这一问题时，人们的第一反应往往是将它抛在脑后，因为这样做最省事。一则经典故事也许能说明为什么我们很少去关注气候危机。故事说的是从前的一次科学实验：一只青蛙跳进了一锅沸水，马上跳了出来，因为它意识到了危险；同样是这只青蛙，把它放入一锅冷水中，慢慢地把这锅水加热到沸点。它只会一动不动地呆在水里，意识不到危险的存在，直到它被救出来。

（过去我在说这个故事的时候，结尾的最后一句话是不一样的——"直到这只青蛙被煮熟了。"但是，许多次，在我演讲后都会有善良的听众走上来对这只青蛙的命运表示关注。从那以后，我终于明白救出这只青蛙是很有必要的。）

"否认不仅是埃及的一条河流。"

——马克·吐温

（在英语中，否认一词 denial 和尼罗河 the Nile 的发音相近。有些人将两者混淆。马克·吐温的这个幽默的双关语用来形容那些不肯承认显而易见的事实的人，尤其是当事实真相会给他们带来不便的时候。——译者注）

DENIAL AIN'T JUST A

MARK TWAIN

当然，这个故事还有更深一层的含义。我们整个社会的"神经系统"使我们能够察觉到即将发生的、影响我们生存的危险。它和青蛙的神经系统有相似之处：当我们周围环境的重大变化是逐渐地、缓慢地发生时，我们会倾向于无动于衷，认识不到问题的严重性，直到局面已不可挽回；有时，像青蛙一样，我们只对周围环境中突然来临的冲击和剧烈迅速的变化做出反应，因为它们为我们敲响了警钟。

　　全球变暖在一个人的一生当中也许显得相当缓慢，但与地球的历史相比，这一进程的速度简直是闪电般的。现在，它的脚步越来越快了，以至于我们在有生之年就能看见水锅中泛起了气泡。

　　当然，我们毕竟和青蛙不一样，不必等到水烧开了才明白身处险境。我们人类有能力拯救自己。

RIVER IN EGYPT.

我的姐姐

我该怎样形容我的姐姐呢？她光彩照人，富有感召力，精力充沛，敏锐而又风趣，她的聪明令人惊叹。而且，她还十分善良。

我和姐姐相差十岁，在我还是个孩子的时候，姐姐总是陪着我一起玩耍，并保护着我。那时候常常只有我们两个人在一起，我们自得其乐。在我的成长过程中——无论我们是在费尔法克斯酒店的大厅里跑来跑去还是在田纳西州迦太基的凯尼福克河中潜水——她都比其他任何人更了解我。

我们家的农场在迦太基市，农场附近有个森特希尔湖，我俩都爱去那个地方。在那里她教会了我滑水橇。我们时常在湖上泛舟，一边划着水，一边闲聊。说真的，她很喜欢猎鸭子。人们通常认为一位年轻女性喜欢猎鸭子是件不寻常的事，她却以此为乐——她总喜欢独树一帜。

之后，在二十出头的时候，她成了和平队最早的两名志愿者之一，她帮助比尔·默亚斯（美国著名公共广播电视主持人和制片人——译者注）和萨金特·施莱佛（美国第一任和平队主席，长期从事公共事业——译者注）在华盛顿建立了办事处，使整个机构开始运转。她有着一种直觉，善于发现那些能直接改善人们生活的事业，我真为她感到骄傲。

她也是我坚定的支持者。在我第一次竞选国会议员的时候，她把家从密西西比搬来，陪伴我在选区中最艰苦的县里度过了数月的时间。那次竞选我获胜了，我想这大部分应当归功于她。她很善于说服人们为她的弟弟投票，强有力地支持着我，为我不知疲倦地宣传。在我需要的时候，她会不遗余力地促成我的工作，这一点无人能及。

我的姐姐南希有着一种独特的优雅气质，但同样也有些叛逆，她抽烟的习惯就是一个例子。她十三岁那年就开始吸烟了，从未停止。她也曾试着戒过烟，可香烟已经牢牢地控制了她。科学家们后来发现烟草中的尼古丁比海洛因更容易使人上瘾。他们的研究还表明：在十几岁或更早的时候开始吸烟的人是最难戒除烟瘾的。

20世纪60年代，美国公共卫生局发布了一份报告，报告以充分的证据表明吸烟会导致肺癌。但即便如此，那些烟草公司仍极力怂恿美国民众不去相信科学的研究成果，使人们怀疑是否有确切的病因值得引起他们足够的重视。许多人本来可以充分了解可怕的事实真相，却在烟草公司的引诱下掉以轻心。毕竟，只要这种怀疑依然存在，人们就很难做出正确的判断。也许，科学家未能给出最终的权威论证也使得这种怀疑得以流行。由此产生的后果是：尽管公共卫生部这份具有里程碑意义的报告揭示了吸烟与肺癌、肺气肿等疾病的联系，但在这份报告发布后的近40年中仍有许多美国人死于与吸烟有关的疾病，死亡人数比在第二次世界大战中丧生的人数还要多。

烟草公司迷惑大众的手段巧妙而又有欺骗性，人们被弄糊涂了，不明白科学研究到底证明了什么。现在，许多石油和煤炭公司继承了这一手段，试图让人们弄不清楚关于全球变暖的科学研究究竟要说明什么。他们通过夸大细微的不确定因素来制造重要结论存在争议的假象。

南希·戈尔·亨格，田纳西州纳什维尔市，
1964年

　　直到今天，如果你要医生和科学家们具体、详尽地解释吸烟是如何导致肺癌的，他们会向你描述一个大体的情形，并告诉你他们确信吸烟和肺癌之间有因果关系。但是，如果你不停地追问一些细节上的问题，他们总会有答不上来的时候。他们就只能说："我们还没有完全了解它们之间的因果关系具体是如何运作的。"

　　一些重要的细节仍需要深入的探究，但是这一事实并不能改变问题的真相。烟草公司却用这样的伎俩误导公众，试图让人们相信吸烟能致癌的说法是一大谎言，这种不负责任的做法是错误的。烟草公司在20世纪60年代中期以来所使用的策略是不道德的，而如今面对全球变暖这一问题，石油和煤炭公司的所作所为和当年的烟草公司如出一辙，同样也是不道德的。

　　南希美丽、坚强而又富有活力。但是，肺癌这个魔鬼实在是太残酷了。1983年，当我得知南希确诊患有肺癌后，我立即赶往美国国家卫生研究院，向癌症治疗方面的专家咨询了南希所

患疾病的情况，想从他们那知道什么是最好的治疗方法。我的一些朋友告诉我说：我的努力只是出于我的心理防卫机制，我的书呆子气又发作了，只是想要从以前的病例和医学数据中寻找慰藉。但说真的，我只是想救我姐姐的命。

　　事实上，当她即将离我们而去时，我能做的和绝大多数美国人所做的也没什么两样：遍访良药以期待奇迹能够发生。值得庆幸的是，现在越来越多的癌症患者得以治愈，尽管目前肺癌仍是最难对付的几种癌症之一。而南希的病已经是20年前的事了，那时的医学技术远不如现在发达。

　　南希的一整叶肺和另一叶的一部分在手术中被切除了。之后便是数月的等待，观察手术能否奏效。可是，最终手术也没能挽回她的生命。

　　请相信我，没有人会愿意这样死去。一旦人体自身的复原机能已无法控制病情的发展，肺里就会经常积聚液体，患者往往因此而窒息死去。这种痛苦是无法用语言来表达的。

　　1984年7月1日，正值我第一次竞

选参议员，父亲打电话告诉我姐姐病危。得知消息后我急匆匆地赶到了她的病榻旁。父母和我的妻子蒂帕已经在病房里。当然，南希所深爱的丈夫弗兰克·亨格也守候在一旁。

　　疼痛早已超出了她所能承受的极限，她不得不依赖于大剂量的吗啡和其他止痛药。这不可避免的影响到她神志的清醒。据家人们说，在我赶到她的病房之前，她一直处于止痛药所造成的神志不清的状态中，目光呆滞、瞳孔放大。可就在我走进病房、她听见我声音的那一刹那，她完全从迷茫的状态中清醒过来，转过头，紧紧地盯着我的眼睛。我永远忘不了那一刻。此时仿佛又只有我们姐弟俩在一起，通过眼神默默地交流着。我脑海里开始浮现——实际上，我认为我不是在想象，而是清清楚楚地听见从她口中说出—— 一个无声却又有力的询问："你带来了希望吗？"

　　我看着她的双眼说："我爱你，南希。"我跪在病床边，握住了她的手，许久没有松开。她缓缓地吸入了最后一口气，离我们而去了。

1996年，在被民主党提名为副总统后，我第一次在公共场合提起了我姐姐的病逝。然而令我惊讶的是，有人竟因此说我多愁善感。南希在我的生命中太重要了，我觉得有必要说说她的故事。尤其是那时候我们的民族正在和烟草公司作斗争，正迫使他们改变蛊惑性的宣传策略。南希在十三岁的时候就开始吸烟了，这是个致命的错误。我们应当阻止烟草公司继续误导年轻人，使他们不至于重蹈南希的覆辙。希望南希的故事能警示人们重视烟草的危害，阻止那些为烟草辩护的人继续制造舆论淹没科学正义的呼声。

不仅如此，如果你不了解南希也就不会了解我。她在世时一直是我生命中强大的动力，即便现在也是如此。南希是一位坚强、有主见的女性。我知道这些年来没有人强迫她不停地抽烟，但我也相信如果不是烟草公司美化吸烟，掩盖吸烟的危害的话，我的南希就还会好好地活着，我就不用再日夜思念她了，我仍然能够看见她的微笑，和她开玩笑，从她那里获取建议与忠告。我多想再一次拥抱我那亲爱的、热情的、无可替代的大姐姐啊！

后来，我家停止了烟草种植，可我希望我家能更早些从烟草种植中摆脱出来。说实话，当癌症袭来时我们全家都不知所措了，只一心关注怎样能让南希尽快康复。我们不知道正是用父亲的农场里种植的那种作物制成的香烟使姐姐身患绝症，那时候这种联系还显得太抽象，太遥远——就像现在全球变暖也显得离我们很遥远一样。但是，在

姐姐刚患病时我们就开始谈论要停止种植烟草了。在她去世后不久，父亲就决定完全停止烟草种植。

这段经历使我明白了一个道理：有时候，当某些固有的行为习惯首次被证实有害时，人们需要时间去接受这一事实。但我也明白，事后有一天你可能就会想：我们的行动应该更早一点就好了。

当然，就像1964年的科学家们明确地告诉我们吸烟会导致肺癌等疾病，并夺去人们生命一样，如今，21世纪顶尖的科学家们更急迫地告诉人们：人类向大气层排放的温室气体正在破坏着这个星球的气候，使人类文明面临毁灭的危险。同样，我们再一次浪费着宝贵的时间——过多的时间——去接受这一事实。

上图：阿尔和南希在家庭农场，田纳西州的迦太基，1951年
下图：阿尔、南希和父母在家庭农场，1951年

我们考虑气候危机时表现出的另一种反应被查尔斯·斯诺称之为"两种文化"之间的鸿沟，即科学理论与人们的日常认知之间的鸿沟。科学越来越专注于知识的精确性，专注于精细地划分其附属的专业。这使得人们越来越难以将科学家的成果转化为简明的语言，越来越难以明白科学家的结论。除此之外，科学总是专注于从不确定的事物中获得确定的结论，往往忽略了与政治的关联，科学家难以对政治家们发出警报——即使是当他们的发现已经十分明白地说明了我们已身处严重的危险之中，他们最先想到的只会是重复试验，以检验是否会得到相同的结果。而政治家们则往往会将说客们为了自身利益而在大众媒体上宣扬的观点与在著名学术刊物上发表且经过同行审查的研究成果相混淆。比方说，那些所谓的"全球变暖怀疑论者"总是引用某篇文章（而不是其他的文章）来说明全球变暖目前还是个谜团，这篇文章是20世纪70年代所写，大意是说世界可能会有步入新的冰川期的危险。

这篇评论只是曾经发表在新闻周刊上，而从没有在任何经过同行审查的学术刊物上发表过。更何况，发表那篇文章的科学家也在不久之后更正了自己的说法，明确地解释了他那篇过时的评论存在的不正确性。

科学界对全球变暖是否真的存在，人类是否为导致全球变暖的主因，以及其后果是否严重到需要立刻采取行动这些问题存在争议——这些想法不过是人们的误解而已。事实上，科学界在这些重大问题上已经达成了共识，并不存在什么重大争议。

CONSENSUS AS STRO

HAS DEVELOPED ARO

RARE IN SCIENCE.

DONALD KENNEDY, EDITOR IN CHIEF,
SCIENCE MAGAZINE

据吉姆·贝克透露，在他担任美国国家海洋大气局局长时，其所属的科研机构负责大部分关于全球变暖的测量工作。"在全球变暖这一问题上所达成的共识比其他的都要一致，当然，牛顿运动学定律可能是个例外。"唐纳德·肯尼迪在谈到全球变暖的共识时如此总结道：

> "在科学界，能像在这个话题上达成如此强烈共识的情况是极为罕见的。"

——唐纳德·肯尼迪，《科学》杂志总编辑

NG AS THE ONE THAT
UND THIS TOPIC IS

诺米·奥勒斯克斯博士来自加利福尼亚大学圣地亚哥分校，是一位科学家。她在《科学》杂志上发表了一篇观察报告，这篇报告是对过往10年来在学术杂志上发表的所有关于全球变暖文章的研究，在这些学术杂志上发表的文章是需要经过同行审查的。诺米·奥勒斯克斯博士和她的团队在所有文章中随意地选取了928篇，并对其是否同意科学界的共识进行了详细的分析。大约1/4的文章样本没有涉及全球变暖共识中的重大问题，剩下的3/4涉及到了那些问题，而其中与共识意见不同的比例是多少呢？是零。

过去10年中在学术期刊上发表的文章中涉及气候变化且经过同行审查的文章数目：

928

其中怀疑造成全球变暖原因的文章所占的比例：

0%

那么，"全球变暖怀疑论者"展开的宣传活动到底成功了吗？

一项研究表明受业界认可的学术刊物上刊登的文章中没有一篇不同意关于全球变暖的共识，除此之外，还有一项研究收集了研究人员认为美国最具影响力的四大报纸近14年来关于全球变暖的文章。那四大报纸包括《纽约时报》、《华盛顿邮报》、《洛杉矶时报》和《华尔街日报》。

研究人员任意地选取了大量的样本，约占所有文章的18%。他们的发现很是惊人。超过半数的文章给予了两种观点（即科学界已达成共识的观点和全球变暖与人类无关的不科学的观点）相同的篇幅。据此，研究人员总结，美国的新闻媒体对读者进行了误导，使得读者们误认为科学界在人类是否为导致全球变暖的原因这一问题上争论不休。

难怪人们会糊涂起来。

过去14年来大众报刊中关于全球变暖的文章数目：

636

其中怀疑导致全球变暖原因的文章比重：

53%

关于全球变暖错误信息的主要来源就是布什–切尼领导下的美国政府。

他们试图阻止像美国航空和航天局的詹姆斯·汉森那样为政府工作的科学家们向公众警告我们所面临的严重危机。他们任命了一批经石油公司推荐的怀疑论者，让他们担任一些关键部门的职位，这样就可以阻止反对全球变暖的活动。我们在某些国际讨论会上的首要谈判代表就是怀疑论者，他们总是使全球变暖这一议题不能在世界范围内达成一致。

2001年初，布什总统雇了一个叫菲利普·库尼的律师（也是说客）来负责白宫的环境政策。而在此之前的6年里，这位库尼在美国石油学会工作，他是石油、煤炭公司的代表，主要负责在全球变暖这一问题上把美国人民搞糊涂。

虽然说库尼在科学上并没有接受过任何的培训，他却被布什总统赋予了权利来编辑和审查由美国环保署及联邦政府的其他部门发布的关于全球变暖的官方评估。2005年，由库尼批准的一份白宫备忘录经一个在政府部门工作的匿名揭发者泄露给了《纽约时报》。库尼花了不少功夫把所有向美国人民公布的资料中涉及全球变暖危害性的部分划掉了。《纽约时报》的揭发使得白宫颜面扫地，而库尼则辞职了（在任期的最后几年辞职是极为罕见的），辞职的第二天，他跑去为埃克森美孚工作了。

The New York Times

~~Warming will also cause reductions in mountain glaciers and advance the timing of the melt of mountain snow peaks in polar regions. In turn, runoff rates will change and flood potential will be altered in ways that are currently not well understood. There will be significant shifts in the seasonality of runoff that will have serious impacts on native populations that rely on fishing and hunting for their livelihood. These changes will be further complicated by shifts in precipitation regimes and a possible intensification and increased frequency of hydrologic events.~~ Reducing the uncertainties in current understanding of the relationships between climate change and Arctic hydrology is critical.

straying from research strategy into speculative findings from here.

科学界关于全球变暖存在严重分歧的情况其实是一个规模不大但资金充裕的组织有意的误导。这个组织是为特殊利益而服务的，其中的成员包括埃克森美孚以及其他的一些石油、煤矿、公用事业公司。这些公司想要阻止可能对他们目前的商业计划有所妨碍的新政策出台，而他们的商业计划则依靠每时每刻无限制地大量向大气层排放温室气体来实现。

这个组织中的一份内部备忘录已经被普利策奖得主、记者罗斯·格尔布斯潘所发现，这份内部备忘录是该组织用于指导其雇员如何进行宣传错误信息的活动使用的。以下是该组织所宣称的目标："将全球变暖重新定位为一个理论，而不是事实。"

这种手段以前也被使用过。

40年前的烟草业面对历史上由美国公共卫生局所发布的那份著名报告所采取的行动也是如此。那份报告将肺癌和吸烟联系了起来，而烟草业的对策则也是组织类似的宣传错误信息活动。他们于20世纪60年代所准备的一份备忘录近日在成千上万死于烟草公司产品的受害者的代表与烟草公司所打的一场官司中得以曝光。40年之后，面对着几乎相同的关于全球变暖的宣传活动，读到这样的文字是十分有意思的一件事：

"怀疑就是我们的产品，因为这是与大众心目中那些代表着事实的机构竞争的最佳手段。这也是创造争论的一种方式。"

——《布朗威廉姆森烟草公司备忘录》，20世纪60年代

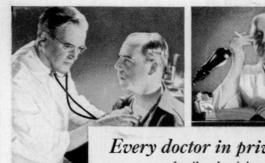

Every doctor in private practice was asked:
—family physicians, surgeons, specialists...
doctors in every branch of medicine—
"What cigarette do you smoke?"

According to a recent Nationwide survey:

More Doctors Smoke Camels

than any other cigarette!

Not a guess, not just a trend ... but an *actual fact* based on the statements of doctors themselves to 3 nationally known independent research organizations.

THE "T-ZONE" TEST WILL TELL YOU

The "T-Zone"—T for taste and T for throat—is your own laboratory, your proving ground, for any cigarette. For only your taste and your throat can decide which cigarette tastes best to *you* ... and how it affects your throat. On the basis of the experience of many, many millions of smokers, we believe Camels will suit your "T-Zone" to a "T."

CAMEL
TURKISH & DOMESTIC BLEND CIGARETTES
CHOICE QUALITY

R. J. Reynolds Tobacco Co.
Winston-Salem, N. C.

YES, your doctor was asked ... along with thousands and thousands of other doctors from Maine to California.

And they've named their choice—the brand that more doctors named as their smoke is *Camel!* Three nationally known independent research organizations found this to be a fact.

Nothing unusual about it. Doctors smoke for pleasure just like the rest of us. They appreciate, just as you, a mildness that's cool and easy on the throat. They too enjoy the full, rich flavor of expertly blended costlier tobaccos. Next time, try Camels.

菲利普·库尼

| 1995年 ~ 2001年1月20日 | 美国石油学会说客，主要负责全球变暖错误信息的宣传活动 |

↓

| 2001年1月20日 | 被任命为白宫环境部门负责人 |

↓

| 2005年7月14日 | 离开白宫，受聘于埃克森美孚石油公司 |

一个世纪以前，厄普顿·辛克莱是一群专门写调查性新闻的伟大记者中最有名望的一个。他使得镀金时代中的诸多弊端得以曝光，也在激进的年代里对改革起了一定的作用。辛克莱当时说的一句话正好可以用在布什政府所任命的那帮老爱唱反调的家伙们身上。他们负责的是美国对于全球变暖问题的处理。这些像库尼一样的反对者们正在试图使美国人民相信全球变暖问题是不真实的，不危险的，而我们也根本无需为此负责。

> **"当一个人不理解一件事是与他的薪水有关时，想让他理解这件事情是十分困难的"**

——厄普顿·辛克莱

IT IS DIFFICULT TO GET
UNDERSTAND SOMET
SALARY DEPENDS UP
UNDERSTANDING IT.
UPTON SINCLAIR

A MAN TO

HING WHEN HIS

ON HIS NOT

这种不诚实的行为令人难以忍受是因为它会给人民带来巨大的损失。

2004年6月21日，48位诺贝尔奖金获得者联名批评布什及其领导的政府歪曲科学。

> "人们在一些关键的科学问题上已经达成共识，例如全球变暖问题。但布什及其政府对这些意见根本不予理睬，而这种做法无疑对地球的未来构成潜在威胁。"

彼得·阿格雷
2003年化学奖

悉尼·奥特曼
1989年化学奖

菲利普·安德逊
1977年物理学奖

戴维·巴尔的摩
1975年医学与生理学奖

巴茹·贝纳塞拉夫
1980年医学与生理学奖

保罗·伯格
1980年化学奖

汉斯·贝特
1967年物理学奖

迈克尔·毕晓普
1989年医学与生理学奖

京特·布洛贝尔
1999年医学与生理学奖

N·布隆姆贝根
1981年物理学奖

詹姆斯·克隆宁
1980年物理学奖

约翰恩·戴森霍菲尔
1988年化学奖

约翰·芬恩
2002年化学奖

瓦尔·菲奇
1980年物理学奖

杰罗姆·弗里德曼
1990年物理学奖

沃特·吉尔伯特
1980年化学奖

阿尔弗雷德·吉尔曼
1994年医学与生理学奖

唐纳德·格拉塞
1960年物理学奖

谢尔顿·格拉肖
1979年物理学奖

约瑟夫·戈尔史坦
1985年医学与生理学奖

罗杰·吉尔曼
1977年医学与生理学奖

达德利·施巴赫
1986年化学奖

罗阿德·霍夫曼
1981年化学奖

罗伯特·霍维茨
2002年医学与生理学奖

戴维·休伯尔
1981年医学与生理学奖

路易斯·伊格纳罗
1998年医学与生理学奖

埃里克·坎德尔
2000年医学与生理学奖

沃特·科恩
1998年化学奖

亚瑟·孔伯格
1959年医学与生理学奖

里奥·莱德曼
1988年物理学奖

李政道
1957年物理学奖

戴维·李
1996年物理学奖

威廉·利普斯科姆
1976年化学奖

罗德里克·麦金农
2003年化学奖

马里奥·莫林
1995年化学奖

约瑟夫·默里
1990年医学与生理学奖

道格拉斯·奥谢罗夫
1996年物理学奖

乔治·帕拉德
1974年医学与生理学奖

阿尔诺·彭齐亚斯
1978年物理学奖

马丁·佩尔
1995年物理学奖

诺曼·拉姆齐
1989年物理学奖

伯顿·里希特
1976年物理学奖

约瑟夫·泰勒
1993年物理学奖

唐纳尔·托马斯
1990年医学与生理学奖

查尔斯·汤恩斯
1964年物理学奖

哈罗德·瓦穆斯
1989年医学与生理学奖

艾利克·威斯乔斯
1995年医学与生理学奖

罗伯特·威尔逊
1978年物理学奖

我们对全球变暖现象的看法中存在的第三个问题是：我们错误地认为，发达的经济与保护环境难以两全其美。

1991年，一个由两党参议员共同组成的团体试图说服当时的老布什政府派代表参加在里约热内卢举行的地球峰会，我也是那个团体当中的一员。作为回应，白宫方面组织了会议，给公众留下反应迅速的印象。同时，作为努力的一部分，他们制作了"全球管理工作"的彩页册子，来让人们相信他们的一举一动都是为了保护地球的生态环境。

我对其中的一个形象尤为感兴趣。它描述了政府方面对于经济与环境如何平衡这个问题的思考方式。

这个例证代表了人们普遍认同的一种观点，那就是美国必须在经济和环境之间做出取舍。而这种形象揭示了一套陈旧的标准，即一边是金条，代表了财富和经济成就，而对立的另一边则是——整个地球！

资本市场的运用与全球变暖问题

应对全球气候变暖危机的途径之一就是利用资本市场的巨大力量作为辅助手段。而其中最主要的是，它需要我们在做出所有经济方面的选择时，要考虑其真正的后果，既包括正面的，也包括负面的。

经济决策所造成的环境影响经常为人忽视，因为根据传统的商业计算方式，环境的因素属于外部因素，按照惯例是被排除在资产负债表之外的。这种不合理的计算方式竟然存在如此之久，却让人司空见惯，那是因为环境因素很难用金钱来衡量。如果简单地将其排除在外的话，我们将对它们视而不见。然而现在许多商界领导人终于重新审视他们的决策所带来的影响，利用复杂的技术，将环境、社会影响以及职工工期寿命这些因素计算进入总的成本之中，以便评测它们真正的价值。

这一策略要求我们用一种更开阔的眼界来看待商业如何能够获得长期的收益。商业领导人放弃了曾经痴迷的短期收益，而选择做长期的规划。这样，在评估那些两三年后就可赢利的投资时，会产生非常不同的结果。这种投资在将来会遭到冷落，因为市场会惩罚那些损害环境的短期性投资。

在投资界，一些投资者正在酝酿一场巨大的转变，他们不满足于金融市场中所谓的"短期主义"，而是希望更加现实地看待业务未来的发展方向。在评估投资成果的时候，他们将环境和其他一些要素考虑进去。例如，将投资对环境变化的潜在影响考虑在内，许多的个人投资者以及投资团体会认为这是一种审慎的表现。

无论是把钱存入银行或是当地信贷协会，还是买股票、投资公共基金为退休做准备，还是为上大学的孩子攒学费，重要的是你的钱到底流向了何处。至于投资带来的回报，要考虑到其中的可持续利润，而事实证明，这种考虑只会对投资回报有利。如果你的投资足够精明的话，你既可以为抑制全球气候变暖做出贡献，以支持全球的可持续发展，又可以获得很大的经济收益。

这个例证意味着大众必须在两者之间作出取舍，这个选择非常困难。但事实上这是一个误导。其原因有二：第一，如果没了这个星球，我们要那些金条也没什么用了。第二，如果我们行事得当的话，能创造出更多的财富和就业机会，无需在两者之间作出取舍。

全球管理工作

作为地球管理员，我们必须提高我们对自然和人类系统的认识，整合这些系统，以便保证居住在这个星球上的人类的繁荣与可持续发展。

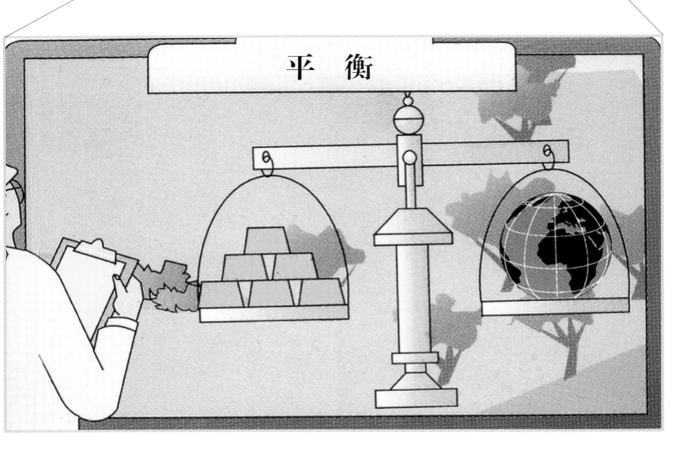

遗憾的是，我们在经济发展和环境保护之间所做出的错误选择会对我们的政策产生一些不利的影响。

一个例子是计算汽车耗油一加仑所行驶英里数的标准。日本法律要求本国汽车每加仑要行驶45英里（约72.42公里）以上的路程。欧洲毫不落后，已经通过法律规定要超过日本的指标。我们的加拿大和澳大利亚朋友也向着更高标准迈进，准备达到每加仑行驶30英里（约48.28公里）以上。

而美国却排名最末。

各国燃料节约的比较以及世界各地的温室气体排放标准

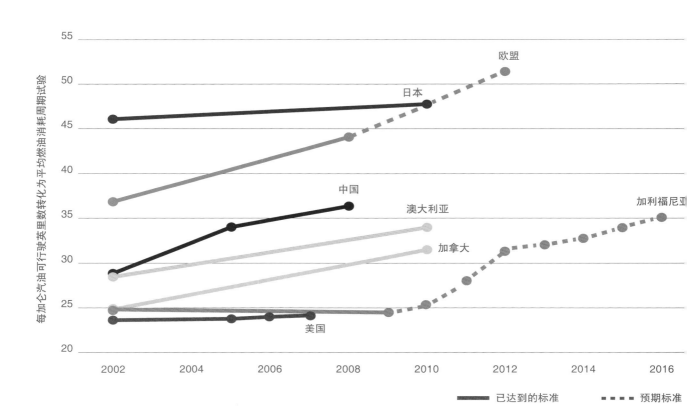

在加利福尼亚州,州立法院通过提案,规定在本地出售的轿车要达到更高的标准。但是汽车公司纷纷向加州当局提出诉讼,请求限制此项法案的实施。

我们传统的但已经过时的环境标准来源于用错误的思维方式考虑经济发展与环境的真正关系。在汽车工业方面,这些过时的标准被用来帮助汽车公司成功。然而,下面的图表清楚地显示,那些生产出更加高效轿车的公司反而表现优异。美国的汽车工业已经深陷困境之中,但仍在不遗余力地出售大型的、低效的、耗油量巨大的产品,尽管市场和环境一样,已经给他们发出了同样的信号。

2005年2月至11月市场资本的变化

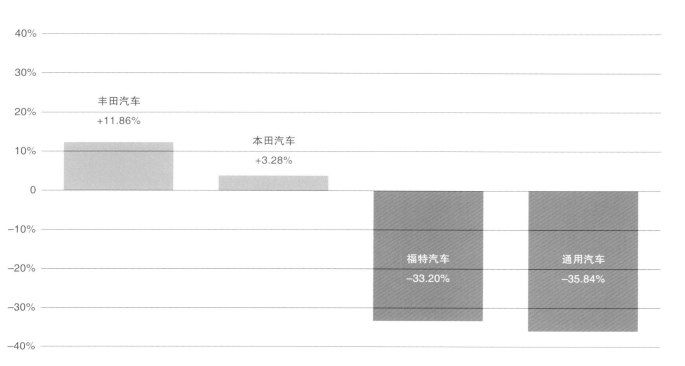

信息来源: forbes.com

令人欣慰的是，越来越多的美国商界领导者正带领着我们朝正确的方向前进。

例如，通用电气公司最近宣称要采取新的有力措施，来解决全球变暖的问题。在谈到环境和经济两者如何才能紧密结合在一起时，通用电气公司董事长兼首席执行官杰夫里·伊梅尔特解释说：

我们认为环保是不能含糊的。现在我们已经面临着一个提高环境质量将会带来巨大经济收益的时代。

——杰夫里·伊梅尔特，通用电器公司董事长兼首席执行官

WE THINK GREEN ME
A TIME PERIOD WHER
IMPROVEMENT IS GOI
PROFITABILITY.
JEFFREY R. IMMELT, CHAIRMAN AND CEO, GE

ANS GREEN. THIS IS
E ENVIRONMENTAL
NG TO LEAD TOWARD

第四个也是最后一个问题是：一些人对全球变暖问题存有误解，他们担心全球变暖如果真像科学家所说的那样严重威胁地球的话，那么我们做什么也徒劳，还不如干脆放弃。令人惊讶的是，有相当一部分人从矢口否定全球变暖问题的存在直接跳到对其彻底的绝望，而根本没有在中间的阶段停留脚步，更不会说："我们能为这件事做点什么？"

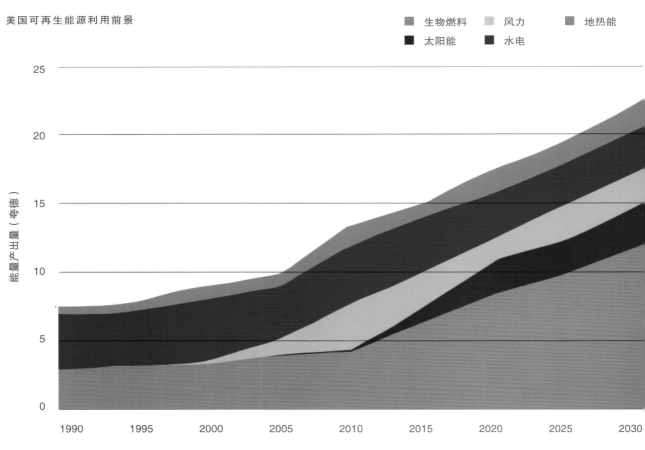

美国可再生能源利用前景

生物燃料　风力　地热能
太阳能　水电

注：夸德，能量单位，1夸德相当于2.4×10⁹吨石油

我们能行。

小型荧光节能灯泡

燃料电池混合动力公交汽车

太阳能电池板

屋顶绿化

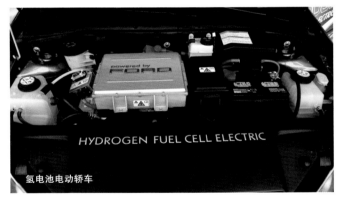

氢电池电动轿车

混合动力轿车

地热能发电站

应对这场气候变暖的危机，我们已经万事俱备，也许只欠的是政治上的决心，但在美国，政治决心是可以重新获取的。

我们每一个人都对气候变暖有一定的责任，但也都可以从我做起，解决这个问题：我们决定买什么与不买什么，我们用多少电，我们开什么样的车以及我们如何生活。通过选择，我们甚至可以使个人造成的碳化物排放量减少到零。

丹麦哥本哈根的米德尔格伦登近
海风电场，2001 年

风能

如果没有风能,我们美国人就不可能在大平原上定居。尽管我们会归功于火车、步枪和马,风车却毫不停歇,世世代代地把水从地下抽上来以供定居者做饭、洗漱、喂养牲畜。

风能是一种取之不尽的资源。一个100兆瓦的风电场等于50 300英尺高的塔状物,里面装载着若干个2兆瓦的涡轮发动机,每个有卡车拖车那么大。这个风电场所发的电足以满足24 000户家庭的用电需求。而要产出同等数量的电,需要燃烧大约50 000吨煤。我们可以试想一下每年要释放出多少二氧化碳。

不错,生产现代的风力涡轮机同样会释放二氧化碳,但只是在生产制作时才会出现这种情况。一旦风车竖立起来并开始运转时,产生的能源是清洁的。作为能量的来源,煤炭和风力的区别是显而易见的。前者会不断地喷涌出滚滚的温室气体二氧化碳,而后者不排放任何气体。

市场已经显示风力发电是一项最为成熟的、低成本的可利用技术,它是我们未来能源的希望。各地的电力公司开始投资修建风力发电站。2005年通用电气公司的发电机业务翻了一番。作为全球这个领域里的龙头企业,

维斯塔公司已经把风车变成丹麦最大的出口项目。沿着丹麦海岸线,风能满足了相当一部分当地照明的需求。到2008年,丹麦有1/4的电力将依靠风能。

是的,风车体积巨大,但是我们对能源的需求也巨大。它们改变了我们的地平线,但是许多人看着风车叶转,会感到一种平静祥和。

每天我们都要向空中排放二氧化碳废气,但是清洁的风能却一直等待着我们人类去开发利用。

普林斯顿大学的两位经济学家罗伯特·索科洛和他的同事斯蒂芬·帕卡拉在深入研究应对气候变暖危机的政策之后得出结论："人类已经掌握了基本的科学理论、实用技术以及工业知识，将会在接下来的半个世纪里解决碳化物排放和全球变暖的问题。"依照索科洛和帕卡拉的研究成果，下面所给图形的右上角标明了如果美国保持现存的商业模式不变，在未来的40年里全球变暖所造成的污染会增加多少。但是每个彩色楔形图表示了如果实施所描述的六项新政策，污染指数将会在同一段时期内减少多少。

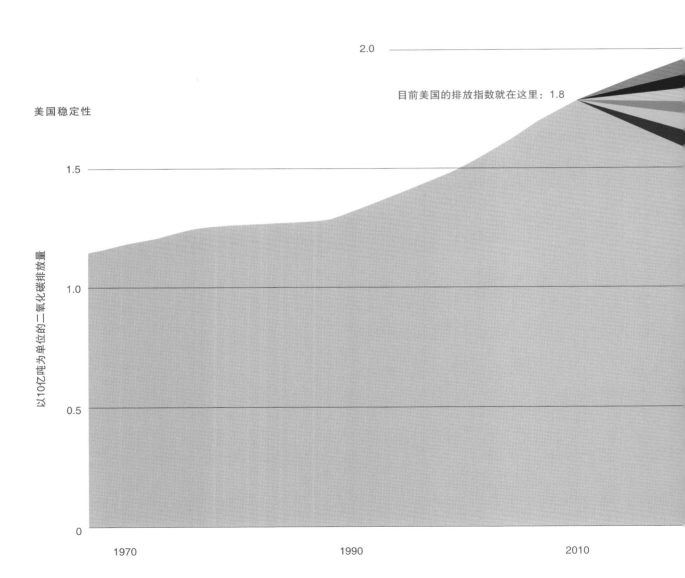

美国稳定性

目前美国的排放指数就在这里：1.8

以10亿吨为单位的二氧化碳排放量

这些变化根据已有的可利用技术，能够将温室气体排放量降低到1970年的标准之下。

商业模式不变使指数提升到这里：2.6

2.5

■ 通过提高冷暖供应系统、照明、电器，以及电子设备的用电效率，减少二氧化碳排放量。

■ 通过提升用户端的用电效能，即通过设计建筑，改造商业模式来大量减少能源的消耗所带来的二氧化碳排放量。

■ 通过生产耗油少的汽车或是使用混合动力汽车以及燃料电池动力汽车，以提高车辆燃油效率，减少二氧化碳排放量。

■ 通过改进运输效率，如在城镇中设计更好的公共运输系统或者生产燃油效率高的重型卡车，减少二氧化碳排放量。

■ 通过增加现成的可再生能源使用比率，如风力和生物燃料，减少二氧化碳排放量。

■ 通过收集、储存发电厂或其他工业活动产生的多余碳化物所带来的二氧化碳，减少排放量。

2030

2050

信息来源：帕卡拉和索科洛

其他国家也已经行动起来。世界上已有**132**个国家签署了《京都议定书》，而只有两个发达国家尚未签订，美国是其一，另一个是澳大利亚。

《京都议定书》签署国家和地区：

阿尔及利亚
安提瓜岛
阿拉伯
阿根廷
亚美尼亚
奥地利
阿塞拜疆
巴哈马群岛
孟加拉国
巴巴多斯
巴布达岛
比利时
伯利兹
贝宁
不丹
玻利维亚
博茨瓦纳
巴西
保加利亚
布隆迪
柬埔寨
喀麦隆
加拿大
智利
中国
哥伦比亚

库克群岛
哥斯达黎加
古巴
塞浦路斯
捷克共和国
丹麦
吉布提
多米尼加
多米尼加共和国
厄瓜多尔
埃及
萨尔瓦多
赤道几内亚
爱沙尼亚
欧盟
斐济
芬兰
法国
冈比亚
格鲁吉亚
德国
加纳
希腊
格林纳达
危地马拉
几内亚
圭亚那

洪都拉斯
匈牙利
冰岛
印度
印度尼西亚
爱尔兰
以色列
意大利
牙买加
日本
约旦
肯尼亚
基里巴斯
吉尔吉斯斯坦
老挝
拉脱维亚
莱索托
利比里亚
列支敦士登
立陶宛
卢森堡
马其顿
马达加斯加
马拉维
马来西亚
马尔代夫
马里

当世界其他国家都在大步前进的时候，难道我们要落后吗？

马耳他
马绍尔群岛
毛里求斯
墨西哥
密克罗尼西亚
蒙古
摩洛哥
莫桑比克
缅甸
纳米比亚
瑙鲁
荷兰
新西兰
尼加拉瓜
尼日尔
尼日利亚
纽埃岛
朝鲜
挪威
阿曼
巴基斯坦
帕劳群岛
巴拿马
巴布亚新几内亚
巴拉圭
秘鲁
菲律宾

波兰
葡萄牙
卡塔尔
摩尔多瓦共和国
罗马尼亚
俄罗斯联邦
卢旺达
圣卢西亚岛
萨摩亚群岛
沙特阿拉伯
塞内加尔
塞舌尔
斯洛伐克
斯洛文尼亚
所罗门群岛
南非
韩国
西班牙
斯里兰卡
圣文森特和格林纳丁斯
苏丹
瑞典
瑞士
坦桑尼亚
泰国
多哥
特立尼达和多巴哥

突尼斯
土库曼斯坦
图瓦卢
阿拉伯联合酋长国
乌干达
乌克兰
英国
乌拉圭
乌兹别克斯坦
瓦努阿图
委内瑞拉
越南
也门

未签订的国家：
澳大利亚
美国

两个关于全球变暖的问题

当我在全球各地展示幻灯片时，一些已经意识到这场危机紧迫性的人，经常会问我以下两个问题：

（一）为什么这么多人仍然不相信这场危机已经到来？

（二）为什么保护环境是一个需要全民关注的问题？

我将幻灯片以及现在这本书的内容整理得清晰明了，并具有说服力，以此来回答第一个问题。然而为什么这么多人仍然否认客观存在的事实所反映出的问题呢？我认为部分原因在于这场气候危机意味着它将改变人们原有的生活方式，因此会带来诸多不便。其中大多数改变对人类是有利的，我们会作出积极的回应，但是，改变也可能意味着不便。需要做出的改变是全方位的，小到调整室内恒温器的温度设定或者使用更节能的电灯泡，大到用可再

生能源替代石油和煤，这些都是需要付出努力的。

第一个问题的答案和第二个问题是紧密联系的。某些政治家和企业管理者对全球变暖的事实抱着否认和不欢迎的态度，因为他们清楚地知道，为了保证地球的可居住性，他们所从事的获取大量利润的商业活动必须随之进行巨大的改变。

这些人——尤其是就职于一些与商业利益相关的跨国公司的人——每年都花费数百万美元来千方百计地蛊惑民众，使民众质疑全球变暖现象的可信度。他们与其他一些集团达成同盟以求互利互惠，这种合作造成了广泛的负面影响，使美国更加难以对全球变暖做出任何反应。布什-切尼政府得到了这些同盟的强力支持，同时政府也尽量努力地满足他们的要求。

图为1999年阿尔·戈尔在华盛顿特区旧行政办公大楼

举例来说，在美国，有人命令在政府部门研究全球变暖的科学家们注意关于气候危机的言论，并禁止他们在媒体上发表讲话。更重要的是，美国所有与全球变暖相关的政策的改变都体现出政府的观点——全球变暖不是什么大问题——这完全是一种不科学的观点。美国谈判代表在参加全球变暖问题的国际性论坛时，居然建议停止一切对石油公司或煤炭公司不利的活动，甚至不惜违背外交原则。

除此之外，布什总统还任命了一个代表石油公司散布有关全球变暖错误消息的人来全权负责白宫所有的环境政策。即使这位律师或者游说者没

一小部分人还坚持这种论点，然而铁证如山，气候的确在变暖，迫使唱反调的人决定变换一下策略。现在，他们虽然承认全球的确在变暖，但紧接着声称这是自然原因造成的。

布什总统仍然坚持第二种立场，断言没有确凿的证据证明是人为原因引起全球变暖，虽然全球变暖这个事实是可以肯定的。他尤其强调一向大力支持他的石油或煤炭公司不可能会与全球变暖有任何关联。

怀疑论者的另外一个相关论点是：是的，全球是在变暖，但很有可能这对我们有利。他们接着说，任何防止变暖的行动无疑会对经济发展产生不

这是他们的本能。因此，如果可以使代表他们利益的选举人或者政客信服科学家们对全球变暖的本质问题意见不一，这样就可以使美国的政治过程无限期地瘫痪下去。这就是现状，至少是最近的状况，并且还不清楚下一步会怎么变化。

部分问题和媒体的市场运作体制变革相关。电视是占主导地位的大众传播媒体，单向传播信息而不具备接受反馈的能力，而现在绝大多数媒体运营的控制权集中在越来越少的大型联合企业手中，更糟的是这些企业将娱乐性和新闻报导混为一谈，这种做法极大地损害了美国公众论坛的客观性。当真

气候危机这个事实会带来诸多不便，它要求我们必须改变以前的生活方式。

受过任何科学训练，总统仍赋予了他特别的权利：负责编辑和监管美国环保署或者其他政府机构对公众发出的任何全球变暖的警告。

政治领袖——尤其是总统——不仅会对公众政策产生巨大的影响，而且会影响民意，尤其会影响到那些总统的忠实跟随者。

所以我们看到的事实是：即使从整体来说美国人越来越关注全球变暖现象，总统所属政党的成员对此的关注却越来越少，他们很可能更乐意让总统质疑全球变暖问题的可信度。

所谓的"全球变暖怀疑论者"反对任何解决气候危机的行动，他们给出的借口随着时间的流逝而不断变化。起初他们坚持从来没有发生过全球变暖，断言那是一个荒诞的说法。随后，虽然

利的影响。

最后一个论点在我看来是最为无耻的。这个观点是：全球的确在变暖，但我们对此无可奈何，所以对于改变现状，我们最好想都别想。持有这种观点的一部分人虽然承认危机的确存在，并且是有害的，然而他们却倾向于继续放任全球变暖危机不管。他们的哲学是"吃、喝、玩、乐、尽情享受，承受这场危机的是我们的后代而不是我们，让我们来阻止这场棘手的危机太麻烦了"。

所有这些推卸责任的借口都基于同样的政治策略：断言科学是不可靠的，同时指出这些基本事实值得怀疑。

这些人强调不确定因素是因为他们深谙以下道理：除非选举人要求或者受良心的驱使，政客们都会避免对任何有争议的问题表明自己的立场，

相被歪曲，公众被欺骗时，很少能有独立及有声望的记者敢于站出来揭发公众被欺骗的真相。

互联网最有希望来恢复公众对话的正直性，然而电视在塑造这一对话方面仍占主导地位。

这种"宣传"技巧随着20世纪的新电影和大众传媒的发展应运而生，预示着大众广告和政府游说相关技巧的普及。目前企业大力游说试图影响和控制公共政策，导致了这些游说技巧的盛行。久而久之，民众看待重要问题的方式向他们希望的方向发展，除非民众开始支持对破坏环境的特殊工业不利，并使这些工业付出沉重代价的相关决策。

在呼吁对气候危机置之不理的游说活动中，经常运用的手段是持续不断

地指责那些对危机发出警告的科学家，指责他们不诚实、贪婪、不可信，指责他们为了增加科研经费而扭曲科学事实。

这些指责荒诞可笑，是对科学家的污蔑。但是有人不断重复，通过媒体这些"扩音器"引起人们的注意，因此很多人都怀疑这些指责有可能是真的。更有讽刺意义的是，很多对危机抱有怀疑态度的人确实接受了一些利益集团的资金和支持，而这些利益集团是由"积极"反对针对危机采取行动的企业提供经费的。令人难以置信的是，民众听到的怀疑论者的观点甚至比科学家认同的关于气候危机的观点还多。这是美国当代新闻媒体的污点，但是许多新闻业的领头羊迟迟不愿采取补救行动。

我们完全不清楚新闻媒体在高压之下能否保持媒体的客观性，这些压力不断地侵蚀他们，使他们对这些有组织的"宣传"变得令人惊奇的脆弱。我们已经浪费了太多解决危机的时间，因为反对者相当成功地使这个问题在很多美国人思想中变得迟钝了。

我们不能再对危机置之不理，坦白地说，我们也没有什么借口迟迟不采取行动。我们的目的都是一样的：为了让子孙后代生活在一个清洁美丽的星球上，让他们居住在能够承载人类文明的星球上。这个目标应该超越一切界限。

是的，科学不断向前，不断演化，它已经提供了足够的证据表明我们深处危机之中。人类只有一个地球，所有地球的居民应该共同创造未来。现在我们面临地球危机，是采取行动的时候了！不要再进行为确保政治目的而设计的虚假争辩了。

很多美国城市都以城市的名义加入了《京都议定书》，正在贯彻各种政策，将温室气体污染程度降至低于议定书要求的标准。

阿肯色州
菲亚特维尔
小石城
北小石城

加利福尼亚州
奥尔巴尼
亚里索维耶荷
阿克塔
伯克利
伯班克
卡皮托拉
奇诺
克洛佛达
卡特提
迪玛
都柏林
佛利蒙
海沃德
席德布格
汉默
尔湾
莱克伍德
洛杉矶
长滩
蒙特利公园
摩根希尔
诺瓦托
奥克兰
帕洛阿图
帕塔鲁马
朴莱圣顿
里奇蒙
罗讷公园

萨克拉门多
圣布鲁诺
旧金山
圣路易奥比斯波
圣荷西
圣利安卓
圣马特奥
圣芭芭拉
圣克鲁斯
圣莫尼卡
圣罗莎
塞贝斯托普尔
索诺玛
斯托克顿
桑尼维尔
千橡
巴耶霍
西好莱坞
温莎

科罗拉多州
阿斯潘
博尔德
丹佛
特柳赖德

康涅狄格州
桥港
伊斯顿
费尔菲尔德
哈姆登
哈特福德
曼斯菲尔德
米德尔顿
纽黑文

斯坦福

特拉华州
威明顿

佛罗里达州
甘尼斯维尔
哈伦代尔滩
天竺山
好莱坞
必斯肯岛
基韦斯特
劳德希尔
迈阿密
米拉玛
朋布克松树
庞帕诺比奇
圣卢西港
日出
塔拉赫西
塔玛拉克
西棕榈滩

佐治亚州
亚特兰大
雅典
东点
梅肯

夏威夷州
希洛
檀香山
考艾
毛伊岛

伊利诺伊州
卡罗尔溪流
芝加哥

高地公园
绍姆堡
沃其根

印第安纳州
哥伦布
韦恩堡
加里
密歇根城

艾奥瓦州
得梅因

堪萨斯州
罗伦斯
托皮卡

肯塔基州
列克星敦
路易斯维尔

路易斯安那州
亚历山德里亚
新奥尔良

马里兰州
安纳波利斯
巴尔的摩
切维切兹

马萨诸塞州
波士顿
剑桥
摩顿
麦德福
纽顿
森默维尔
伍斯特

密歇根州
安娜堡

但是其余的人应该怎么做呢？

最终问题的本质在于：作为美国人，我们能否做出很大贡献，即便困难重重？

我们能否超越自身缺点，敢于为自己的命运承担责任？

那么，以下这些历史记录表明我们有这个能力。

我们经历了一场革命，创造了一个自由民主的国家。

我们同时赢得了大西洋和太平洋两场反法西斯战争，并且迎来了和平。

我们做出了一个道德性的决定——奴隶制是错误的，并且意识到我们的国家不应该实行北方自由制、南方奴隶制。

我们认识到妇女应该享有选举权。

我们治愈了脊髓灰质炎以及天花这样可怕的疾病，提高了人民生活水平，延长了人均寿命。

我们面对废除种族隔离的道德挑战，通过权利法案以补救对少数群体的不公正。

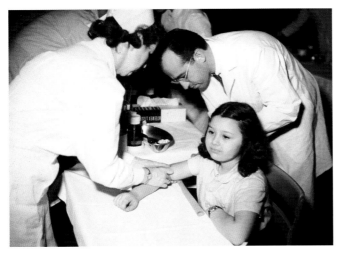

我们登上了月球，这是鼓舞人心的例子之一，证明了当我们全力以
赴时我们就能做到。

1969年宇航员布兹·阿尔德林
在月球上，阿波罗11号

我们曾经解决过一次全球环境危机。大气层中臭氧层出现空洞时，有人说不可能解决这个问题，因为问题是全球性的，其解决需要各个国家的共同协作。但是我们做到了，美国与其他各国携手消除了引起此问题的化学物质。

关于控制含氯氟烃的成功范例

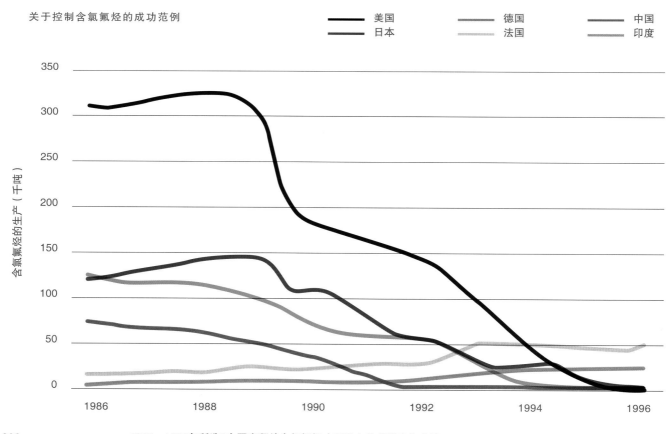

1986～1996年所选6个国家释放含氯氟烃（CFC）的总量变化曲线。

资料来源：联合国环境规划署，1999年

目前，我们正在全世界范围内逐步解决平流层臭氧危机。

"治愈" 臭氧层

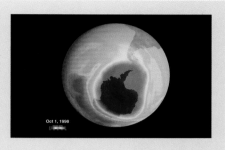

Oct 1, 1998

从前冰箱能杀死他们的主人。最初的冰箱使用有毒、易爆炸的气体冷却食物。但是1927年，化学家托马斯·米奇利发明了含氯氟烃——简称CFC——代替这些有害气体。CFC被吹捧为一项引起冰箱业革命的创新，我们可以在任何同类产品中找到这种表面上无害的化学物质。事实证明消费者当初应该怀疑这项发明，因为最初米奇利的成名之作是含铅汽油的发明。

到了1974年，有氟冰箱在全球销售量以百万计数。当时两位科学家开始仔细研究这种化合物产生的影响。F·舍伍德·罗兰博士和马里奥·莫利纳博士提出以下理论：当这些化学物质上升到了大气上层，太阳会将他们的分子分解，将氯释放到臭氧层，因此会产生一系列危险的化学反应。

臭氧由3个氧原子简单地构成并存在于大气中，保护人类免遭最具破坏性射线的伤害。罗兰和莫利纳确信氯可以和平流层中的冰粒表层的臭氧混合，并且当太阳照射的时候进一步吞噬这层脆弱的保护伞，让紫外线畅通无阻地穿过大气层，从而损害动植物健康，引起皮肤癌，甚至会损害人类的视力。

这些科学家和保罗·克鲁岑一起荣获了1995年诺贝尔奖，以奖励他们在大气化学中做出的研究。更重要的是，他们敲响了臭氧衰竭的警钟。最初只有一些环境学家和大气化学家注意到了这一点，但是罗兰和莫利纳进一步做出了新的发现并且改进了他们的理论。1984年人类在南极圈之上发现了巨大的臭氧层空洞，正如科学家所预测的那样。

这些使事态进一步发展。1987年27个国家签署了蒙特利尔协议，这是全球第一个规范CFC使用的环境协议。随着科学的进一步发展，越来越多的国家签署该协议，并且每次会议都会强化对各国的要求。最近一次统计显示有183个国家加入蒙特利尔协议，联合国秘书长科菲·安南称蒙特利尔协议"可能是到目前为止最成功的单项国际协议"。协议影响是深刻的：从1987年开始，大气中最危险的CFC和相关混合物含量趋于稳定或者下降。虽然臭氧层的恢复需要比预期更长的时间，但是目前我们的努力很有意义，我们向前迈进了一步。

控制温室气体将会比臭氧层问题更为棘手，因为二氧化碳——最主要的温室气体——与CFC相比和全球经济更为息息相关。削弱工业以及改变个人习惯将会是个挑战。但是我们解决臭氧层问题的经历表明了全世界人民确实可以合作弥补人类的过错，尽管我们常常有政治利益和经济利益上的冲突。今天气候变暖危机将我们团结起来，我们必须铭记CFC战斗的教训：冷静的头脑可以成功地改善环境。

现在我们要负起责任，民主地探讨未来的发展问题，做出正确的决定，纠正错误的政策和行为。如果任由错误继续，我们留给子孙后代以及全人类的将会是一个退化、萎缩、敌对的星球。

　　我们要使21世纪成为地球环境恢复生机的时刻。让我们抓住危机中并存的机遇，释放创造力，发扬创新精神，不断激发灵感。这些是人类生来就享有的能力。选择在我们手中！责任在我们肩上！未来由我们开创！

2001年从夏威夷冒纳罗亚峰的
萨巴鲁望远镜看到的S1061RS4
天体聚集区

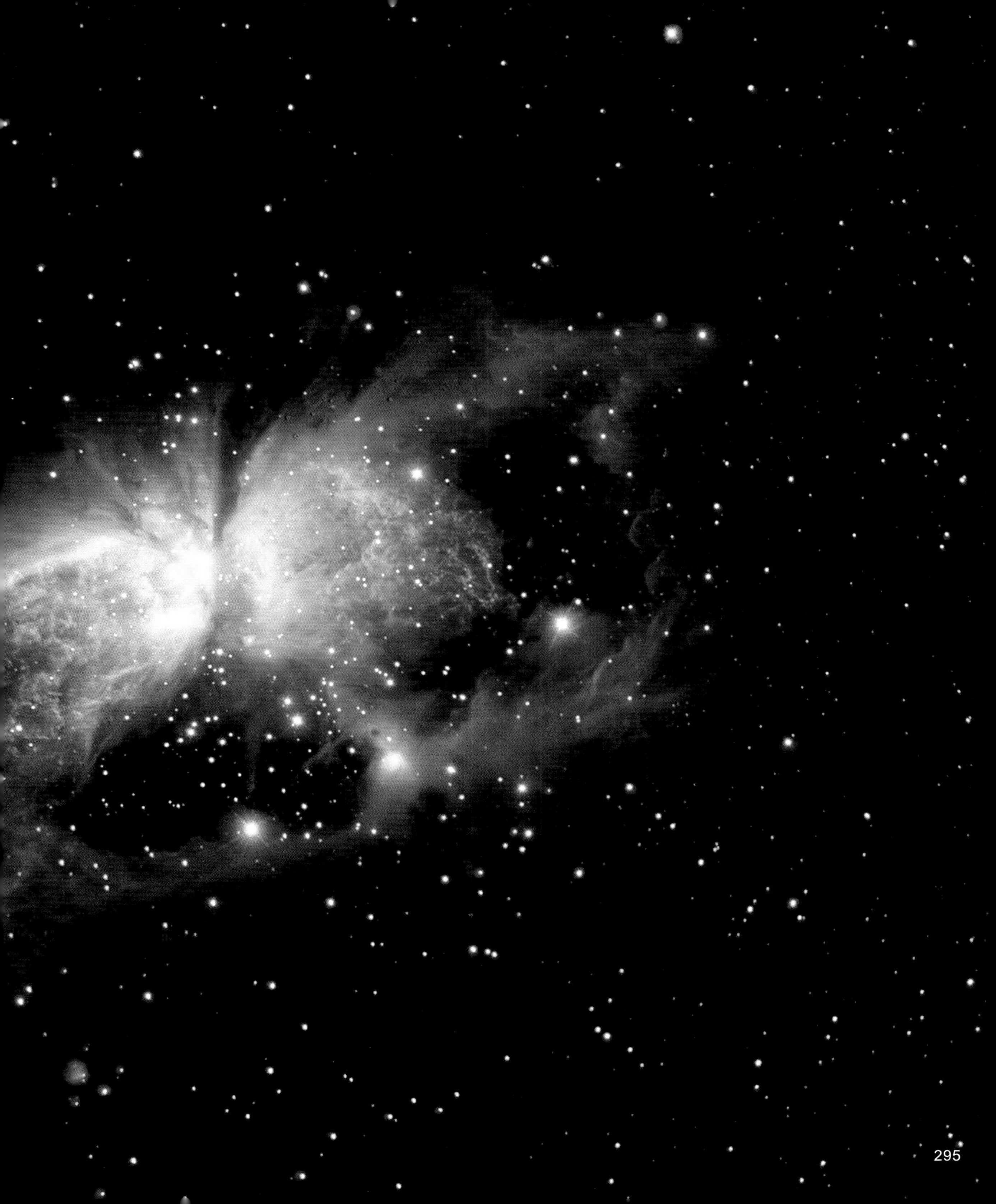

美国数年前发射的一艘机器人太空飞船在脱离地球引力时拍摄了一张照片，这是一张我们的星球在太空中缓慢旋转的照片。数年后同样的飞船穿越至太阳系40亿英里（约64亿公里）之外的地方，卡尔·萨根建议美国国家航空航天局发信号指示飞船的摄像头再次转向地球，从如此远的地方再拍一张照片。照片中的地球是一个淡蓝色的光点，在右侧光束的中心可以看见。

　　萨根称之为淡蓝色的点，并指出人类的历史——所有的胜利和悲剧，所有的战争，所有的饥荒，所有有意义的人类进步——都发生在那个小小的蓝点之上。

　　它是我们唯一的家园。

　　人类能否继续在地球上生存？未来的地球能否继续承载人类的文明？

　　这是一个道德问题。

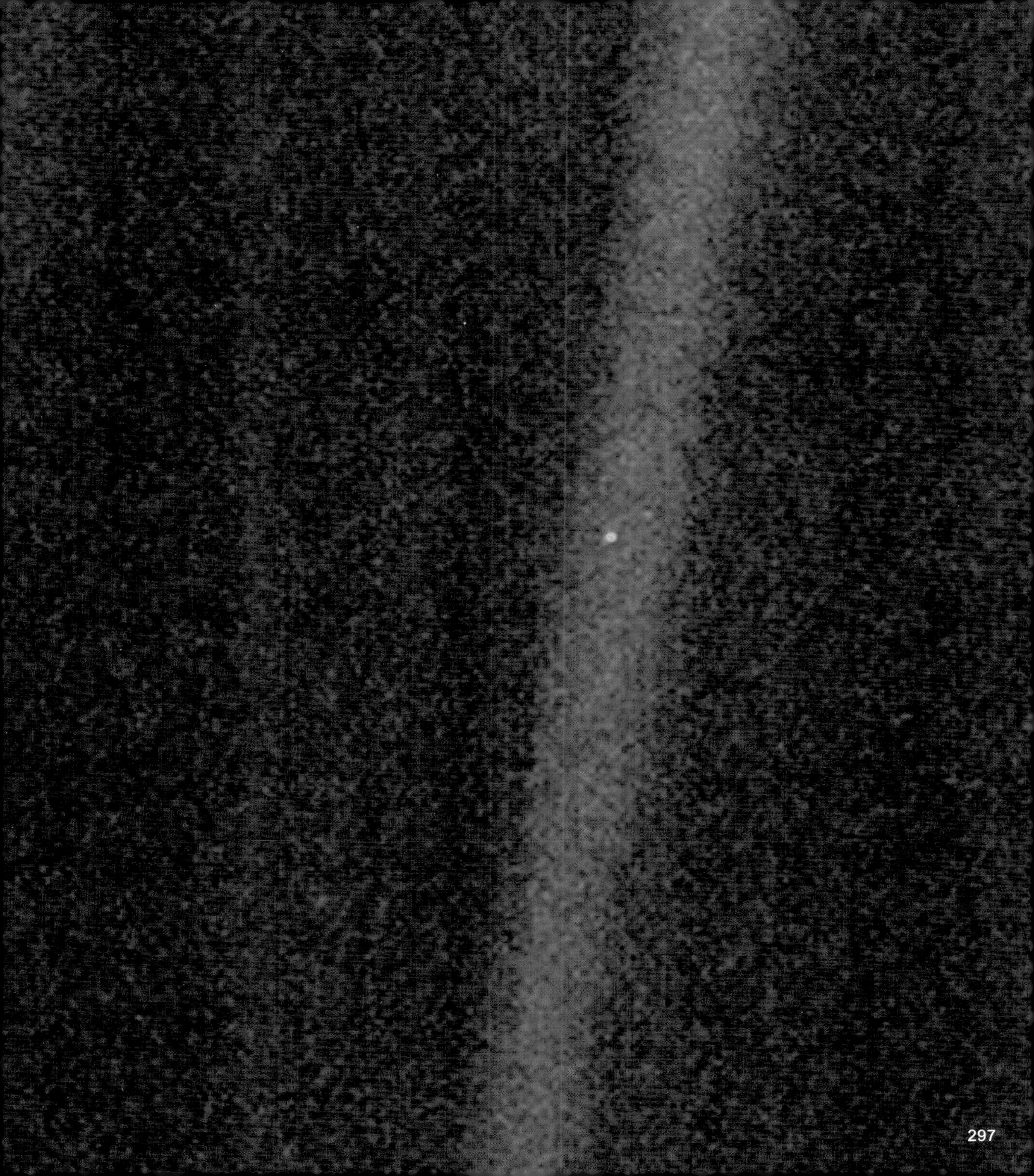

行动起来，为了人类共同的未来！

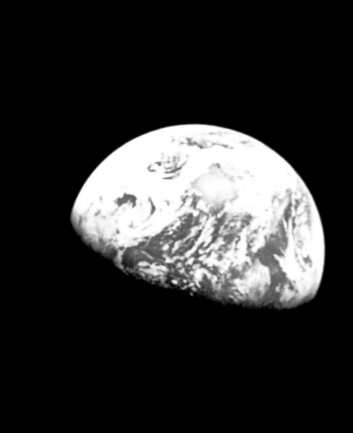

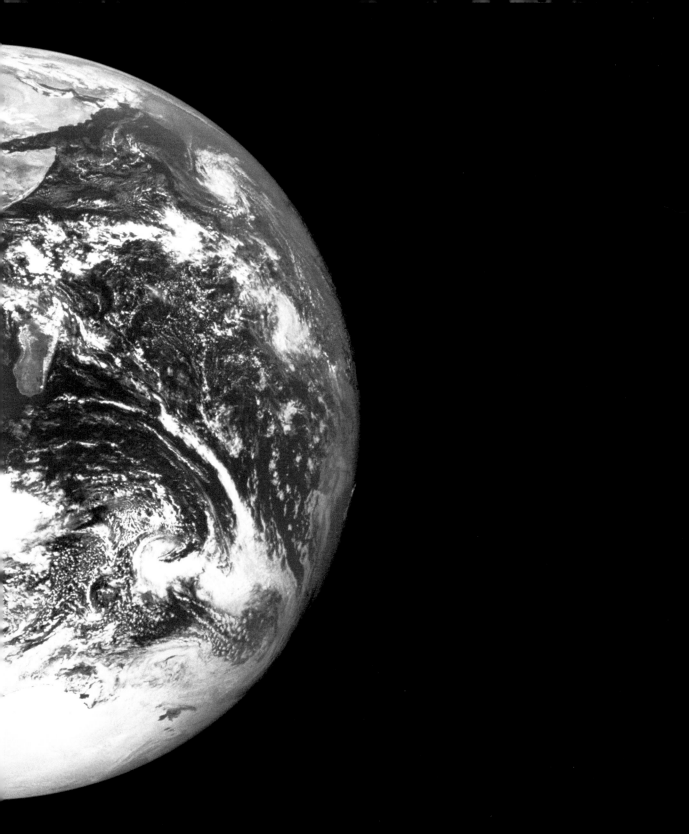

你个人可以通过以下行为帮助解决气候危机：

当考虑一个诸如全球变暖这样的大问题时，人们很容易被困难吓倒，产生无能为力的感觉，甚至怀疑个人努力是否真的能有作用。但是，我们需要克服这种反应，因为只有每个人负起责任才能解决这种危机。教育自己和别人，尽自己的职责来减少对资源的使用和浪费。通过以上及其他很多方式，我们每一个人都能推动事态朝积极方向发展。

接下来，我将告诉你一系列的实用步骤。每个人都可以采取这些步骤来降低高科技生活为自然世界带来的压力。这些建议被运用到生活中，我们可能发现我们不仅在为寻求一个全球性的解决方案作出贡献，也在使自己的生活变得更加美好。从某种程度上来说，付出的努力将得到应有的回报。例如，用更少的电和燃料就节省了钱；多步行和多骑自行车改善了我们的健康状况；食用本地生长的产品更美味更富有营养；呼吸更新鲜的空气可以使人精力充沛；创造一个平衡的自然世界能为子孙后代的将来提供保障。

有一个方法能改善目前的状况，那就是去了解我们的生活方式是怎样影响全球环境的。每一次日常的选择，对气候变暖都有影响。从家用能源到汽车能源再到其他的交通工具；从消费产品、服务到我们留下的废弃物。每年，平均每个美国人对15 000磅（约6.8吨）二氧化碳的释放量应该负责。这个人均数量比其他任何一个工业化国家都多。事实上，美国只拥有世界上5%的人口，却排放出世界上近25%的温室气体。

计算你生产出的温室气体总量对气候的影响，请登录 www.climatecrisis.net，在交互式能量计的帮助下，你可以测量你的"二氧化碳足迹"，即你的个人生活对当前气候的影响。这个工具还可以帮助你估计你生活中哪些领域的温室气体释放量最多。有了这些信息，你可以开始采取有效的行动，朝着"碳中和"的生活而努力。

节约家用能源

减少家庭能源使用中的温室气体

大多数的美国人都没有意识到，减少排放最简单最立竿见影的地方就在家里。家庭中产生的绝大多数温室气体都是发电发热过程中燃烧化石燃料造成的。减少排放的方法有很多，你只需换几个灯泡就是朝减少能源消耗迈出了重大的一步。

节能不仅有利于缓解气候危机，还能省下一笔开支。选择节能电气用品能为家里节约1/3的能源费用，同时还能减少大约1/3的温室气体排放。许多节能行为都是低成本或无成本的，有一些则需要少量的预先投资，这些投资会在减少能源费用上收回。以下是一些节约家用能源的具体方法。

使用节能照明

美国所有用电中照明就占了1/5。减少能源用量、能源费用和温室气体排放最简单最省钱的办法就是把家里的传统白炽灯泡换成超高效节能荧光灯。

这种紧凑型超高效节能灯适用于绝大多数常规家庭灯具，发出的光也同样明亮，却要节能得多。

大多数用户家中所使用的传统白炽灯泡都非常耗能，它们所消耗的能量中，只有10%真正用在了照明上，其余90%都通过散热浪费掉了。超高效节能灯虽然可能价格贵一点，寿命却比白炽灯泡长10倍，能持续使用1万小时，而耗能却比白炽灯泡少66%。

如果美国每家每户都把传统灯泡换成超高效节能灯泡，哪怕每家只换一盏也好,给环境带来的影响就和从全国的公路上减少100万辆汽车一样大。

▶ 在线购买超高效节能灯请登录www.efi.org或www.nolico.com。

购买新的电气用品时选择节能型

消费者们能在多大程度上提高家庭能源使用效率取决于他们购买空调、锅炉、热水器、冰箱等新的主要电气用品时如何取舍。选择那些为节能所设计的电气用品,久而久之,不仅能节省开支还能减少温室气体排放。

美国环保总署的能源之星计划网站提供了有用信息,帮助消费者决定如何购买电气用品。

▶ 有关最新节能电气用品的详情请登录www.energystar.gov/products。

正确操作和维护电气用品

要想减少长期温室气体排放,购买节能电气用品是个好办法,但这只是开了个好头,你还可以提高旧电气用品的能源使用效率。比如,冰箱不应摆放在微波炉、洗碗机、暖气等热源的旁边,以免它们为了保持低温而过度工作;要保持冰箱的冷凝管无尘以确保气流畅通无阻地通过换热器;任何电气用品的过滤器都要定期清洁或更换。

除此以外还有一个节能小窍门。就是不要在没装满的情况下频繁运转洗碗机和洗衣机,要使用就装满使用。如果你有时间,最好不用洗碗机而直接用手洗,也不要用甩干机而改用晒衣绳晾干衣服。

▶ 美国国会为实现节能经济提供一本小手册指导大家节约家庭能源,就包括电气用品的使用。其中还有详尽的疑难解答部分并且提供一本解答更全面的书供大家订购。请登录http://aceee.org/consumerguide/chklst.htm,想了解更多节能小窍门请登录http://eartheasy.com/live_energyeffic_appl.htm。

有效使用冷气和暖气

在家使用冷暖气是一项主要的能源消耗,通常约占一个家庭总能源使用量的45%。因此要多留意温控器设在多高的温度上,避免冷暖气的浪费。冬天稍微把暖气的温度调低一点,夏天则把空调的温度调高一点,久而久之能节省很多能源。使用可调式温控器能自动调节温度,比如睡觉时和工作时能自动调节成不同温度。此外,如果条件允许,安装"智能表"并开发既能制热又能制冷的系统。

使你的房子隔热

适当地使房屋隔热能减少使用冷暖气所造成的能源流失从而节省花费。通风良好的房子冬天让暖空气溜走,夏天又让冷空气跑出去。这样,要保持房子舒适制冷制暖系统就要加大工作量并消耗更多能源。

仔细查看门窗周围的通风处，封好漏风的地方，或者考虑安装密封性更好的窗户。确保阁楼的通风孔和管道都已封好。给热水器和热水管做好隔热措施来帮助保持水温。

▶ 详情请登录www.simplyinsulate.com。

▶ 美国消费者联盟制定的《节省能源开支的十大捷径》的小手册中就包括了以上及其他一些可以减少温室气体排放的建议。详情请登录www.buyenergyefficient.org。

审计家庭能耗

详细审核能源开支能帮助发现家中什么地方最耗能。想了解如何自己动手做能耗审计，请登录www.energyguide.com，这个网站会指导你一步步评估你的房子，其中包括分析房屋的结构、房间数目、暖气系统的种类等等。运用这些资料，网站向导将为你提供个性化的建议，帮助你减少能源消耗，同时还提供计算工具来算出这些具体措施能节省多少能源。一个典型的美国家庭平均每年在能源上的花费是1 500美元，通过实施一些简单的节能措施至少能节省450美元。专业的家庭能耗审计员能对你的房屋的能源使用效率做出全面评估。

▶ 想在你所在的小区找到能源方面的专家，请联系公用事业公司或国家能源办公室，也可登录www.natresnet.org/directory/rater_directory.asp#Search。

节约热水

烧水是一项主要的家庭能源消耗。把水温设在华氏120度(48.88℃)以下可以减少能源消耗。要想节约热水你可以少泡澡多洗淋浴，也可以安装低流量的喷头。留意一下洗碗机、

有关
全球变暖的十大
最常见误导

误导一

"是不是人类引起了全球气候变化，科学家们对此意见不一。"

事实上，科学界在人类活动改变全球气候的结论上达成了共识。科学家们绝大多数同意地球在变暖，这种趋势是由人类引起的。如果我们继续把温室气体排放到大气中，全球变暖的危害将会日渐增大。

洗衣机等电气用品对用水量的要求，其中一些比别的同类产品使用的热水要少。比如，前开门的洗碗机就比上开门洗碗机更节能，用温水或冷水洗衣服比用热水节省能源得多。

减少待机状态的电浪费

许多电气用品，包括电视机、DVD播放器、手机充电器或其他任何带有遥控器的机器、电池充电器、内存储器、交流电适配器插头、永久显示和传感器等设备都是在关掉后也仍在耗电。事实上一台电视机没有打开时所消耗的电能是它消耗的总电能的**25%**。保证电气用品没有用电的唯一方法就是拔掉插头，或者插进接线板然后关上接线板电源。接线板确实也会消耗少量能源，但远少于直接插电源时电气用品在不知不觉中所消耗的电量。

▶ 有关待机能源的详情请登录www.standby. lbl.gov/index.html以及www.powerint.com/ greenroom/faqs/htm。

误导二

"影响气候的因素有很多，我们不应该只担心二氧化碳。"

除了二氧化碳，气候对其他很多东西都很敏感，比如太阳黑子，还有水蒸气。这只证明我们应该在严重警惕二氧化碳的同时还要警惕其他受人类影响的温室气体。从古至今的气候变化表明气候对多种自然变化都很敏感。这是一个危险信号。它提醒我们要密切关注人类自己引发的大规模的空前的气候变化。当今人类的影响力已经变得比任何自然力都要强大了。

提高家庭办公室的能源使用效率

节能电脑中配备有电量管理功能，这个功能能让电脑进入休眠状态。因为人们即使在不使用电脑时也常常是开机的，所以启用这一电量管理功能能节省电脑通常消耗能量的**70%**。同样值得注意的是笔记本电脑比台式机节能**90%**，喷墨式打印机比激光打印机少消耗**90%**的能源，彩色打印机比黑白打印机更耗能。如果条件允许，尽量选择集打印、传真、复印、扫描于一身的多功能设备，这样比使用单个机器耗能少。

▶ 有关参与了能源之星计划的电脑、打印机和其他办公设备的详情请登录www.energystar. gov/indexcfm?c=ofc_equip.pr_office_ equipment。

改用绿色能源

虽然美国大部分能源都来自化石燃料，但越来越多的人选择使用更清洁的能源，如太阳能、风能、地热能或生物燃料。

▶ 有关以上各种替代能源的详情请登录www. eere.energy.gov/consumer/renewable_ energy。

事实上在美国乃至全世界，风能和太阳能都在增长最快的能源之列。

▶ 有关太阳能的详情请登录www.ases.org，有关风能的详情请登录www.awea.org。

改用可再生能源的方法有很多。许多房主已经开始通过安装太阳能光电池、风力涡轮机或地热泵来自己产电。据估计约15万户家庭做到了能源上的自给自足，使自己完全脱离了对能源供应网的依赖。还有更多的家庭减少了对公用事业的依赖，只把它当作是自己生产的可再生能源的一种补充。

某些州的家庭生产出超过自己所需的电能，便可以把这些多余的能源卖给公用事业公司，这就叫做"双向供应"或"网状供应"。用这种方法，人们不仅能减少自己造成的二氧化碳的排放，还能为公用事业提供清洁的能源。

▶ 有关网状供应的详情请登录www.awea. org/fag/netbdef.html。

许多州和地方政府以及一些公用事业公司都对可再生能源计划提供个人所得税奖励或津贴政策。

▶ 详情请登录美国可再生能源数据库www. dsireusa.org。

对于那些不能安装自己的可再生能源系统的人还有另一种方法让他们改用绿色能源。在许多地区消费者们都可以和他们的公用事业公司签合同，约定从公司接收更加环保的能源。绿色能源的成本可能要稍微高一点，但总的来说，多出来的这些成本是可以忽略不计的。很可能将来会有越来越多的消费者青睐这些绿色能源。

▶ 详情请登录www.eoa/gov/greenpower或者www.eere.energy.gov/greenpower。

如果你的公用事业公司不提供绿色能源，你可以选择购买可转让的可再生能源证书来为你使用非绿色能源这一行为做一点补偿。

▶ 详情请登录www.green-e.org。

减少交通带来的能源消耗和废气排放

减少汽车及其他交通工具的尾气排放

在美国，几乎1/3的二氧化碳是由汽车、卡车、飞机及其他各种交通工具排放出来的。这些交通工具用于把乘客从一个地方送到另一个地方或者用于生产和运输我们所消费的食品和服务。这些运输九成以上是通过车辆进行的，这意味着燃料经济性的标准具有极大的重要性。载人交通工具的平均汽油使用效率在过去10年间已经下降了，主要原因是SUV（运动型多功能车）和轻型卡车日益受欢迎。新制定的法令对这些交通工具加上了更多严格的标准。希望这些法令能扭转这一趋势，也希望汽油经济性的进一步创新、代用能源的开发、油电混合技术的发展能为消费者提供更多有利环保的选择。以下有一些现有的措施，还有一些简单的方法教你减少旅行中产生的二氧化碳的排放。

少开车，尽可能地步行、骑自行车，或几家人合用一辆车或乘坐公共交通工具来代替。

在美国平均每辆车每行驶1英里（约1.61公里）排放约1磅（约0.45千克）的二氧化碳。每周哪怕是少开20英里（约32.19公里）的车每年就能少排放约1 000磅（约454千克）的二氧化碳。

▶ 想了解如何利用公共交通工具并支持公共交通工具的普及请登录www.publictransportation.org。

更巧妙地驾驶

如果你不得不驾车，那么只需稍微改变一些驾驶习惯也能提高车辆的能源使用效率并减少温室气体的排放。避开上下班的高峰期，避免在塞车中等待，这样就能少消耗一些燃料。留心速度限制，这不仅是为了安全起见还有其他原因：汽车的速度超过时速55英里（约88.51公里）时其燃料使用效率便急剧下降。避免怠速，保持车的良好运作状况。定期保养也能提高汽车的使用性能并减少尾气排放。此外，尽可能地事先定好出差计划，把多项出差计划合并到一次旅行中完成。

▶ 想进一步了解如何使你的汽车的燃料使用效率最大化请登录www.fueleconomy.gov/feg/driveHabits.shtml。

下次买车时请买更节能的

最近汽油涨价使得汽车的燃料效率越来越引起人们的关注。驾驶耗油少的车不仅节省了买汽油的钱还减少了驾驶排放的二氧化碳。每加仑（约3.79升）燃烧的汽油大约排放20磅（约9千克）的二氧化碳到大气中。所以，一辆用每加仑油能跑25英里（约40.23公里）的车和一辆用每加仑油能跑20英里的车相比，在最开始的10万英里（约16万公里）内，前者比后者少产生10吨二氧化碳。节约燃料不必以牺牲舒适为代价。

▶ 想查看汽车的燃料使用效率评估，请登录美国能源部的在线环保车指南www.epa.gov/autoemissions或者www.fueleconomy.gov。

混合动力车

混合动力车靠汽油和电的混合物运行。因为驾驶的同时电池自动充电，因此连插头都不用插。由于电马达帮助常规燃烧引擎发动，所以混合动力车消耗的汽油要少得多，对环境也有益得多。有些混合动力车使用每加仑的油能跑出50英里（约80.47公里）。这种汽车的需求量正飞速增长。很多轿车、两厢车、SUV（运动型多功能车）、轻型卡车的新车型都已经或即将面世。

▶ 想了解混合动力车的工作原理及各种车型的异同，请登录www.hybridcars.com。

替代燃料

亨利·福特在1925年曾预言："未来的燃料将来自植物，如路边的漆树、苹果、野草、木屑等一切其他植物。植物身上每一处都能发酵成为燃料。1英亩（约0.4公顷）土豆一年的产量能产生大量的酒精供耕种机器使用，足以让这些机器在这片土地上耕种一百年。"亨利·福特在1925年发表了这些有预见性的言论。90多年后的今天，我们见证了这种创新思想的应用。这包括大量生物燃料的使用。这些生物燃料来自于玉米、木头、大豆等可再生的植物原料。当今使用得最广的可再生燃料是生物柴油和生物乙醇。

▶ 有关以上及更多替代燃料的详情，请登录美国能源部的替代燃料数据中心www.afdc.doe.gov/advanced_cgi.shtml。

误导三

"气候随着时间的推移自然地发生变化。所以我们现在所看到的任何气候变化也都只是自然变化的一部分罢了。"

气候确实会自然地发生变化。树木的年轮、湖底的沉淀物、冰芯及其他自然特征都能记录过去的气候，科学家们通过研究这些特征了解气候变化，包括突如其来的意外变化都曾在历史上发生过，但这些变化发生时，二氧化碳的自然变化程度都比我们现在所引起的变化程度要小。从南极冰块的深处取出的冰芯显示出现在的二氧化碳浓度比过去65万年的任何时候都高。也就是说我们当今的气候变化已经超出了正常范围。大气中二氧化碳越多气温就越高。

燃料电池车

　　氢气燃料电池是一种能直接把纯氢或富含氢的燃料转化成能源的装置。新技术能提高能源的使用效率,靠燃料电池提供动力的车其能源使用效率是类似大小的普通车的两倍,甚至更多。一辆使用纯氢气的燃料电池车不产生任何污染物质,只产生水和热量。这种车虽然很激动人心,但要进入大众市场还需要好几年的时间。

▶ 有关燃料电池技术的详情请登录ｗｗｗ. fueleconomy.gov/feg/fuelcell.shtml。

在家里远程办公

　　减少驾车的另一个方法就是在家通过使用与工作单位连接的计算机终端远距离工作。这样你可以减少花在路上的时间和能源,同时能够投入更多精力到业务中。

▶ 有关远程办公的详情请登录远程办公联盟 www.telcoa.org。

减少空中旅行

　　飞行是另一种产生大量二氧化碳

误导四

"全球气候变暖是臭氧层空洞引起的。"

气候变化与臭氧层空洞之间确实有关系但并非因果关系。臭氧层是高层大气的一部分,它包含高浓度的臭氧,保护地球不受太阳辐射的侵害。臭氧层空洞是由人造化学物氟氯化碳造成的。国际协定《蒙特利尔议定书》已经禁止了这种化学物的使用。臭氧层空洞让多余的紫外线辐射到达地球表面,但并不影响地球温度。臭氧层和气候变化之间只有一种联系,这一真实联系与上述的误导正好相反。全球变暖不是臭氧层空洞的原因,事实上它会减慢臭氧层的自我修复。全球变暖使对流层升温却使平流层降温,从而加速平流层臭氧的流失。

的运输方式。减少坐飞机的次数哪怕只是每年减少一次到两次便能显著减少排放。在离家近的地方度假,或者坐火车、坐公交车、坐船、开车去。公交车是最便宜也最节能的长距离交通工具,而火车也比飞机节能一倍。如果你坐飞机是为了生意,考虑是否能换成远程交流。如果你一定要坐飞机,请考虑购买"碳抵消指标"来补偿因你的飞行而

造成的排放。

▶ 想在计划绿色旅行和购买"碳抵消指标"方面寻求帮助请登录www.betterworldclub.com/travel/index.htm。

消费少一点，保护多一点

通过减少消费和明智的保护来减少废气排放

在美国，民众习惯于充裕的消费环境，面对大量且种类多样的消费品引诱，去买"更多的"、"新出的"、"更高级的"消费品。这种消费文化已经成为我们世界观中重要的部分，以至于我们看不到其对周围环境所造成的重大损害。通过培养一种新的意识，从而认识到我们的购物和生活方式如何影响环境，我们才能开始向好的方向改变来减少负面影响。这里有一些关于我们如何能做到这一点的具体方法。

在购物之前先循环利用以减少废弃物

消费少一点

能源的消耗在你所买物品的制造以及运输的过程中就已经产生了，这意味着在产品生产的任何阶段都存在着化石燃料的排放。那么减少能源利用的一个好方法仅仅只需要减少消费就行了。在购买东西之前，问问自己是否真的需要它。你已有的东西可以代替它吗？可以暂借或租用别人的吗？这件物品可以买到二手货吗？更多的美国人现在开始简化他们的生活并选择减少消费。

▶ 登录www.newdream.org，了解更多的节约方法。

购买耐用的物品

"节约(reduce)，再利用(reuse)，循环(recycle)"已经成为环保运动的座右铭。人们选择耐用的而不是一次性使用的物品，修理旧物品而不是丢弃它们，将你所不用的物品留给用得着它们的人。通过减少消费来减少废弃物和排放量。

▶ 登录www.epa.gov/msw/reduce.htm，了解更多关于3R的信息。

▶ 登录www.freecycle.org，了解怎么帮你所不需要的物品找到新主人。

垃圾堆里1/3的废弃物都由废弃的包装材料组成。每年都要消耗大量的自然原料和化石燃料用来造纸，生产塑料、铝制、玻璃制品，以及用来支撑或包装商品的聚苯乙烯泡沫塑料。包装在一定程度上对于我们所需产品的运输和保护是必要的，但是很多时候，制造商们总是会在层层包装上又加上一些不必要的塑料包装。请抵制他们的产品，让那些公司知道你对这种过度行为持反对态度。对那些用可回收材料包装或非过度包装的产品多

误导五

"对于气候危机，我们无能为力，已经为时太晚了。"

这是所有误导中最糟糕的一个。我们有很多事可做，而现在就必须开始。我们不能再继续忽视气候变化的原因和造成的影响了。我们必须减少对化石燃料的利用，通过政府宣传、工业创新、个人行动三方面结合来达到这一目的。这部分的资源指南列出了一系列你能够做的事情。

一些青睐吧。如果可能的话，请批量购买，搜寻那些可重复包装的玻璃瓶装产品。

▶ 登录www.environmentaldefense.org/article.cfm?contentid-2194，了解更多循环利用的方法。

循环利用

大多数社区都提供纸张、玻璃、铝制品、塑料的搜集和循环利用设施。虽然需要一定的能源来搜集、修葺、分类、清洗以及再加工这些材料，但是比起将它们扔进垃圾堆，以及用原材料造新的纸、瓶子和铝罐，循环利用所需的能源要少得多。调查显示如果有10万人过去不进行循环利用而现在开始了这项行动，他们每年一共可减少42 000吨碳排放。另外，循环利用还带来了其他的好处，即能够减少污染和节省自然资源，包括保护可以吸收二氧化碳的树木。除了普通材料以外，一些设备也可以循环利用，例如，电动机润滑油、轮胎、冷冻剂和沥青屋面板，以及其他的产品。

▶ 登录www.earth911.org/master.asp?s=ls&a=recycle&cat=1或者www.epa.gov/epaoswer/non-hw/muncpl/recycle.htm，了解在你的居住地哪里可以进行循环利用。

不要浪费纸张

纸张的制造是第四大能源密集型产业，更是森林污染和破坏的头号因素。仅供应美国周日各类报纸的纸张，就要用掉整个森林，也就是50万棵树。除了重复使用用过的纸张外，你还可以做别的事情来减少个人的纸张消耗。用抹布代替纸质毛巾；用布餐巾，而不是一次性纸巾；任何时候都尽量使用纸的两面；制止不需要的垃圾信件。

▶ 登录www.newdream.org/junkmail或者www.dmaconsumers.org/offmailinglist.html，了解如何将你的名字从邮寄名单上除去。

请将食品和其他物品装入可重复使用的袋子

美国人每年要用掉1 000亿个食品袋。一项估计表明，美国人每年仅生产塑料袋就要用掉1 200万桶石油，而这些袋子在只使用过一次之后就被扔进垃圾堆，然后却需要几百年的时间来降解。而纸袋也是一个难题：为了保证其足够坚韧用来装满物品，很多纸袋都是用新纸制造的，也就意味着要砍伐本可以吸收二氧化碳的树木。据估计，每年要砍伐1 500万棵树来生产100亿个纸袋子满足美国的年需求。因此，请在购物的时候随身携带一个可重复利用的手提袋吧，这样，当你被问到"是要纸袋还是塑料袋"的时候，你可以说："都不需要。"

▶ 登录www.reusablebags.com购买可重复使用的手提袋，了解更多关于手提袋的信息。

堆肥

当人们将有机废料如厨房里的残羹剩饭或者凋落的叶子扔到垃圾堆的时候，这些东西就会被深深地压在垃圾场中。没有氧气流通来帮助它们自然降解，其中的有机物质就会发酵，并释放出甲烷，甲烷是生成温室气体的主要物质，根据全球变暖情况来看，甲烷比二氧化碳造成温室效应的能力还强23倍。在美国，1/3的人为甲烷排放来自有机物质在垃圾堆里腐烂后产生的气体。而相对而言，如果有机废料能够被适当地用于花园做堆肥，它就能产生丰富的营养，为土壤增加能量和养料，当然，这样还能减少垃圾堆的体积。

▶ 登录www.epa.gov/compost/index.htm或者www.mastercomposter.com，了解如何制成堆肥的信息。

请携带个人可重复使用的瓶子来装水或其他饮料

请购买可重复使用的瓶子来装水，而不去买只能一次性使用的塑料瓶子，因为制造那些塑料瓶需要大量的能量和资源。除了在制造那些瓶子时会排放一些废气废料之外，瓶装水的能源效率尤其低，因为必须要经过长距离的

误导六

"南极洲的大冰川体积在增大，因此说全球变暖造成了冰川和海冰的融化不可能是真的。"

南极洲一些冰川的体积可能的确是在增大，但是南极洲大陆上其他地方的冰却是明显地在融化。2006年一个最新的调查研究显示，南极洲的冰川总体来说在缩小。即使有些冰盖的体积在增大而不是缩小，那么还是不能改变这样一个事实，即全球变暖导致了世界上的冰川以及海冰正在融化。从世界范围来看，85%以上的冰川正在不断缩小中。而且，在任何情况下，局部的气候变化并不能抵消科学家们观察到的全球变化趋势。

有些人还错误地认为（例如迈克尔·克莱顿在小说《恐怖状态》中提到的）格陵兰岛的冰盖正在增大。而事实上，最近美国航空航天局卫星数据显示，格陵兰岛的冰盖每年都在缩小，这造成了海平面的上升。从1996～2005年，冰盖减少了一半，仅2005年一年，格陵兰岛就失去了50立方千米的冰。

运输。如果你担心自来水的味道和质量的话，可以考虑用便宜一点的水源净化器和过滤器，还可以考虑买大瓶装的果汁或苏打水，然后装入你每天随身携带的瓶子里。用个人的杯子或保温瓶也可以帮助减少美国每年250亿个一次性杯子的使用量，那些杯子往往用过就被扔掉了。

▶ 登录www.grrn.org/bererage/refillables/index.html，了解更多关于使用可重复利用的饮水瓶的益处。

改变你的饮食，少吃一点肉

美国人几乎要消耗掉全世界1/4的牛肉产量。多吃肉类除了带来健康问题以外，多肉类的食谱还会转化为大量的碳排放。相比从植物原料中提取等量的蛋白质来说，肉类的生产和运输要用掉多得多的化石燃料能源。

此外，由于毁林开荒来为牲畜提供更多的牧地，结果造成了世界上大量的森林砍伐。这进一步带来了因毁坏树木而造成的环境破坏，而这些树本可

误导七

"全球变暖是一件好事，因为它能够帮助我们摆脱寒冷的冬天，还可以使作物生长得更快。"

这种荒诞的说法看似不会消亡。因为对各地的影响是不同的，所以的确在一些特定的地方可能冬天气候会更舒适。但是气候变化的负面影响大大超过了它对某些地区带来的好处。以海洋为例，全球变暖对海洋造成的变化正在导致大量珊瑚礁的死亡，而这些珊瑚礁却是海洋食物链上动物的重要食物来源，也是它们的避身处，甚至我们人类也跟此食物链有关联。融化的冰川正在导致海平面的上升，而且一旦巨大的冰川融化进海洋，将造成世界上很多海滨城市洪水泛滥，那里的百万居民将成为难民。这还只是全球变暖将带来的众多后果中的一部分。还有一些预计会产生的影响，如造成长期的干旱、更严重的洪灾、更剧烈的暴风雨、土壤侵蚀、大量物种灭绝，以及危及人类健康的新疾病。那些少数可以得到更舒适气候的人们，恐怕以后也只能在几乎面目全非的土地上"享受"了。

以吸收二氧化碳气体。另一方面，水果、蔬菜和谷物生产所需的原料要少95%，而且只要合理搭配，就可以提供全面营养的饮食。如果有更多的美国人改变饮食，摄入较少量的肉类的话，我们就

能大大地减少二氧化碳气体的排放，还能节省大量的水资源以及其他宝贵的自然资源。

▶ 登录www.earthsave.org/globalwarming.htm 和www.epa.gov/methane/rlep/faq.html，了解更多关于奶牛和全球变暖的信息。

购买当地产品

除了制造我们所要购买的产品对环境会造成影响外，生产中每个阶段的运输所带来的二氧化碳排放也必须计算在内。据估计，平均一顿饭要通过货车、轮船、飞机运输1200英里（约1931公里）以上才能被送到人们的餐桌上。

通常情况，一顿饭所提供的营养能量不及其运输过程中所消耗掉化石燃料的热量，因此，购买不需要那么长距离运输的食品将能够帮助有效利用碳能源。

换言之，请尽量购买食用在离你居住地较近的地方生长或生产的食品，尽可能地从当地的农场或社区支持的农业合作社那里购买。一样的道理，你也可以根据当地季节所提供的食品来调整设计你的饮食习惯，而尽量不去买需要远距离运输的食品。

▶ 登录www.climatebiz.com/sections/news_detail.cfm?NewsID=27338，了解更多关于吃在当地以及如何利用你的饮食来抵制全球变暖。

购买"碳抵消指标"来中和你所带来的残余排放

我们每天做的很多事情，如开车、做饭、给房屋供暖、操作电脑，都会造成温室气体的排放，仅仅通过减少排放几乎不能消除个人对气候带来的危机。但是，你却可以通过购买"碳抵消指标"来将这种排放减少到零。

当你购买"碳抵消指标"的时候，你实际上是在投资一项减少温室气体排放的项目，而在其他地方，这一项目是通过如提高能源效率、开发可再生能源、恢复森林或吸存土壤碳的方式来实现的。

▶ 登录www.ecobusinesslinks.com/carbon_offset_wind_credits_carbon_reduction.htm，了解更多信息以及与经营"碳抵消指标"相关组织的具体信息的链接。

误导八

"科学家们记录的气候变暖只是由于存在于城市中的热量所造成的，和温室气体并没有关系。

人们想否认全球变暖是因为否认比应对这一事实更容易。他们试图说科学家们实际上所观测到的只是"城市热岛"效应，而这一效应是指城市往往因其建筑和沥青的原因使得热度无法散去。这种说法是完全错误的。气温的测量通常是在公园里进行的，在城市这个热岛中，公园其实是很凉爽的地方。长期气温记录显示农村地区的记录结果和同时包括农村和城市两地的记录结果是几乎一模一样的。大多数科学研究表明"城市热岛"效应对于全球气候变暖的影响是可以被忽略不计的。

促进变化

大家对解决气候危机所能采取的各种行动比个人为减少排放所能做的事要多得多。通过保持对环境状况的了解以及正在进行的相应措施，我们可以告知其他人关于这些措施的相关信息，并激发他们也行动起来，还可以将这种环境意识带到居住区、学校和工作地，在这些地方和其他团体中尝试实施这些项目。消费者可以利用购买和投资的权利来传达一种信息，即我们支持那些有环保意识的企业及产品，同时不能容忍那些表现出漠视和否认环境问题的企业及产品。

了解更多关于气候变化的信息

很多网站都有更多的关于气候变化和全球变暖的信息。以下是几个不错的网站：

▶ www.weawthervane.rff.org
www.environet.policy.net
www.gcri.org
www.ucsusa.org/global_warming

▶ 登录www.net.org/warming，查看每日环境预警头条。

告诉他人

和其他人分享你所了解到的。告诉你的家人、朋友和你的同事关于气候变化的情况以及他们在参与此问题的解决上可以做些什么。如果有机会的话，向更广泛的听众演讲、写文章或信件给地方或学校报刊的编辑。和别人分享这本书或其他能够帮助人们了解此问题重要性的书。

鼓励你的学校或公司减少排放

你可以通过采取积极行动和直接鼓舞别人采取正确行动，将你个人对排放的积极影响发展到你自己住房之外的范围，想想你将如何在工作地、学校、礼拜地以及别的地方影响他人吧。

用钱来表决

找出有哪些品牌和商场正在努力减少排放，它们的经营方式是将环境问题考虑在内的。通过购买这些产品和去这样的商场购物来表示你对它们的支持，同时让那些漠视环境问题的公司意识到你对它们的抵制。让这些公司知道除非它们能改变生产方式，提高能源利用率，不然你的钱不会花在它们身上。

▶ 登录www.coopamerica.org/programs/responsibleshopper 或者www.responsibleshopper.org，了解关于环境措施以及你所买商品的公司政策。

考虑一下你的投资会带来的影响

如果你想进行投资的话，应该想想你的投资对气候变化会带来的影响。不管你是将资金存在银行帐户或地方信贷联盟中，购买股票，为了养老而投资共同基金，还是打理孩子的大学经费，这些钱被用在了何处，是很重要的。

不管是存钱者还是投资者，都有信息资源能确保他们的资金被用于投资到一些有责任感的公司、产品以及项目上，会负责任地应对气候变化和其他可持续发展的挑战。此外，在进行投资的时候将可持续发展问题考虑在内并不意味着降低投资利润，而事实上，有证据表明这样其实可以提高利润，世界上很多大型投资机构都赞同这种说法。

▶ 登录www.socialinvest.org/areas/research，可以看到一些此类调查。

▶ 登录www.socialinvest.org/Areas/SRIGuide，看看你如何能够为阻止气候变化做出一定贡献，以及通过明智的投资选择来理财。

▶ 登录www.unepfi.org和www.ceres.org，查看更多关于调查和措施的信息。

在政府工作的所有层面，都会有一些决策，这些决策对温室气体排放有潜在影响。有些美国城市同意减少排放，排放量符合《京都议定书》中所规定的，此议定书规定签署国必须减少温室气体的排放，全美国应该致力于这一条约。事实上，到2005年12月，代表4 000万美国人的194个城市已将这一条约加入到了《美国市长气

误导九

"全球变暖是由于20世纪初一块陨石撞击西伯利亚造成的。"

这种说法对于一些人来说可能很荒谬，但一个俄国科学家真的提出过这个假说。那么它错在哪呢？从根本上说，大错特错。一块陨石的影响很大程度上就像一场火山爆发，如果大的话可能会对气候产生暂时的影响，但在撞击之后的一段时间却没有记录显示气候变暖或变冷。陨石可能带来的影响包括水蒸气，而水蒸气最多只在大气上层停留几年的时间，任何影响都是短期的，不可能在过了这么长时间之后还能感觉到。

候保护协定》中去。

▶ 登录www.ci.seattle.wa.us/mayor/climate，了解更多信息。

很明显，我们应该要求政府加大其治理环境问题的决心。如果我们不清晰明确地表达观点，那些坚决反对强制减少温室气体排放的企业将会持续占上风。

▶ 登录www.lcv.org/scorecard，了解更多关于政客和选民对于全球变暖的立场。

▶ 了解事实真相并提出你的观点让别人知道

支持一个环境组织

有很多组织都在积极帮助解决气候危机，所有这些组织都需要支持的力量。做一些关于环保组织的资料调查吧，然后加入其中。你可以从这些网站着手：

▶ 美国自然资源保护委员会：www.nrdc.org/

误导十

"有些地区的气温并没有在升高，全球变暖是一种荒诞的说法。"

的确，并不是地球上任何地方的气温都在升高。在迈克尔·克莱顿的小说《恐惧状态》中，登场人物们分发的图表显示，在世界上一些特殊的地方，气温要么有小幅度下降，要么没有变化。这些图表是现实中的科学家们通过真实的数据做出来的。虽然这可能是真的，但是他们并不能证明以上说法，因为全球变暖指的是由于温室气体增多而造成的整个地球表面平均温度上升。

气候是一个极其复杂的系统，因此气候变化的影响不会在所有地方都一样。地球上有些地方，如北欧，可能实际上是变得更冷了，但是这并不能改变这一事实，即就整体而言，地球表面温度正在上升，海洋温度也是这样。几种类型的测量包括卫星数据的显示都是如此，都表明了这一普遍结果。

globalwarming/defalt.asp

▶ 塞拉俱乐部：www.sierraclub.org/globalwarming

▶ 美国环保协会：www.environmentaldefense.org/issue.cfm?subnav=12&linkID=15

致 谢

我的妻子蒂帕几年前就开始敦促我写这本书了，她说自从我在1992年上半年写了《濒临失衡的地球》这本书后，公众对全球变暖问题的关注和好奇心大大增强了，如果能再出版一部另一种风格的书，将能更好地满足公众的这种兴趣。书里面将鲜活新颖的文本分析和图片图表结合起来，这样使得气候危机更容易被读者接受。在我们36年的婚姻生活中，通常情况下，她总是对的，而且在我意识到这一点之前的相当长的时间里，她耐心地坚持自己的观点。在写书这一想法变成现实的过程中，她给予了我最大的帮助。可以说，要不是蒂帕，也就不会有这本书的存在。

2006年新年的前夜，在我最终完稿之后，我们两个人把图片和图表按顺序放好，带上它们，从在纳什维尔的家到纽约市，我的代理人安德鲁·怀利那里。安德鲁总是清楚地知道怎么将这些稿子整理好，保证它能够成为现在你手上所拿的这本书。

我觉得罗代尔出版社很了不起。首席执行官史蒂夫·莫菲用一种美好的方式，令人感动地去完成这项复杂而不寻常的工作。我还要感谢罗代尔一家，他们终生致力于环境保护事业，他们对此事业慷慨的支持被众人称赞。

我尤其要感谢我的编辑蕾·哈伯，她对于这本书的出版功不可没，她用纯熟的技巧编辑了这本书，对此书提出了一些建议和有创意的点子，即使我们要在极度紧张的期限压力下快速赶工的时候，她也能够使这个过程从始至终都意趣横生。还要感谢罗代尔出版社的其他同样为此努力工作的人：里兹·珀尔以及她的团队、塔米·克斯·考文、卡罗琳·杜贝、迈克·苏迪克和他出色的制作团队、安迪·卡彭特和他尽职的团队、以及克里斯·克里基梅尔和她的工作人员。

我还要再次感谢蕾，是她决定邀请查理·梅尔策和他在麦彻媒体及mgmt.设计公司出色而又尽职的同事们，成为这个团队的一员，此团队是一个由罗代尔组织，蕾所领导的团队，他们出色并有创意。特别感谢杰西·里米尔、阿丽西娅·程和莉莎·马约内，感谢他们经常工作到深夜。还要感谢布朗温·巴恩斯、唐肯·博克、洁西卡·布莱克曼、大卫·布朗、尼克·卡尔博纳罗、斯黛芬妮·邱琪、波妮·爱尔顿、瑞秋·格里芬、依里诺尔·孔、凯尔·马丁、帕特里克·穆斯、艾利克·耐斯、阿比盖尔·波各列宾、莉雅·瑞内、希拉里·罗斯纳、阿莱克斯·塔特、苏珊娜·泰勒和马特·伍福。查理和他的团队将非常有创意的方法以及令人印象深刻的工作理念带到这项复杂工作的设计和出品中。

另外，我还要感谢麦克·费尔德曼和他在格洛弗派克工作组的同事们，感谢他们的帮助。

这本书和电影虽然是两项分离的工作，但还是要感谢电影制作组，即使这部电影还在最后阶段的筹备，还是要感谢他们做的很多事情为这本书的成功打下了基础。尤其要感谢的是：

劳伦斯·班德
史考特·柏恩斯
莱丝莉·齐考特
梅格安·科林根
劳里·大卫
戴维斯·古根海姆
乔纳森·莱舍
杰夫·斯克尔
特别感谢马特·葛洛恩尼。

我的朋友梅丽莎·艾特里奇也在作曲和演唱方面帮了不少忙，电影最后的一首原创歌曲就是由她创作并演唱的。

多年之前，还没有这部电影的时候，加里·埃利森和皮特·奈特帮助组织了早期的一项工作，而这项工作对我过去几年所致力于的工作起到了非常大的作用。

感谢罗斯·格尔布斯潘，感谢他的兢兢业业和殚精竭虑。

2005 年戈尔一家在克莉丝汀·戈尔和保罗·库萨克的婚礼上。后排,从左至右依次是:德鲁·希夫、弗兰克·亨格、艾伯特·戈尔、阿尔·戈尔、保罗·库萨克;前排,从左至右依次是:莎拉·戈尔、卡伦娜·戈尔·希夫、怀特·希夫(六岁)、蒂帕·戈尔、安娜·希夫(四岁)、克莉丝汀·戈尔

盖尔·巴克兰德在搜集图片的工作上给予了非常大的帮助,要说图片档案,她简直可以称得上是世界最有学识的人,和她在一起工作并向她学习,我总是感到非常愉快。

此外,盖帝图像公司的成员们对此工作的帮助也超出了他们分内的职责。

感谢杜雅特设计公司的吉尔·马丁和瑞恩·奥克特,以及泰德·博达,瑞恩现在取代了他的位置,感谢他们在过去的几年中花费了无数个小时来帮我寻找图片和设计图形用来表示那些复杂的概念和现象。

汤姆·凡·桑特多年来致力于构思和煞费苦心地创造一套世界上最令人惊叹的图片作品。早在17年前,当我第一次看到他的那些图片时,就深深地被启发了。自那以后,他还在不断改进他的图片。我非常感激可以用到汤姆制作的一米解析度呈像技术,这是目前最先进的技术。

过去几年里,在帮助使我更了解此事的众多科学家们中,我想挑出一小部分人,他们在对此书的建议上起到了特别的作用,对于作为此工作一部分的电影,他们也一样功不可没:

詹姆斯·贝克

罗西娜·碧尔鲍恩

埃里克·奇维安

保罗·爱泼斯坦

吉姆·韩森

亨利·凯利

詹姆·斯麦卡锡

马里奥·莫利纳

迈克尔·奥本海

大卫·桑德洛

艾伦&朗尼·汤姆逊

姚檀东

此外,三位著名科学家的工作和启发对这本书也有至关重要的作用,而他们已经辞世了:

查尔斯·大卫·基林

罗杰·雷维尔

卡尔·萨根

我对史蒂夫·乔布斯以及我在苹果股份有限公司的朋友十分感激(我目前为该公司的董事),感谢他们的基调 II 软件程序,我时常用它来整理这本书。

特别感谢在可持续投资管理公司的同伴和同事们,他们在书中一系列复杂问题的分析上给了我很大的帮助。我还想感谢潮流电视台的同事们,感谢他们帮助对书中所用到的一些图片进行定位。

我还想感谢MDA联邦有限公司的成员,感谢他们计算和描绘科学精确地表示世界上很多城市海平面上升所带来的影响的图片。

在我完成这本书的过程中,我的员工乔什·切尔温在无数个方面给予了令人惊叹不已的帮助。而且,所有其他的员工也做出了很大的贡献:

丽莎·博格

德韦恩·堪柏

梅林达·迈德林

罗伊·尼尔

卡莉·克雷德

我家里的一些成员在帮助我完成这项工作上也起到了非常重要的作用:

卡伦娜·戈尔·希夫和德鲁·希夫

克莉丝汀·戈尔和保罗·库萨克

莎拉·戈尔

艾伯特·戈尔 III

以及我的姐夫,弗兰克·亨格

所有这些人都给了我源源不断的灵感,他们也是连接我个人与未来的主要途径。

CREDITS

Illustrations by Michael Fornalski
Information graphics by mgmt. design

The publisher and packager wish to recognize the following individuals and organizations for contributing photographs and images to this project:

Animals Animals; ArcticNet; Yann Arthus-Bertrand (www.yannarthusbertrand.com); Buck/Renewable Films; Tracey Dixon; Getty Images; Kenneth E. Gibson; Tipper Gore; Paul Grabbhorn; Frans Lanting (www.lanting.com); Eric Lee; Mark Lynas; Dr. Jim McCarthy; Bruno Messerli; Carl Page; W. T. Pfeffer; Karen Robinson; Vladimir Romanovsky; Lonnie Thompson; and Tom Van Sant

Inside front cover: Eric Lee/Renewable Films (Al Gore) and NASA (Earth); pages 2–3: Tipper Gore; 6: courtesy of the Gore family; 12–13: NASA; 14: NASA; 16–17: Tom Van Sant/GeoSphere Project; 18–19, gatefold: Tom Van Sant/GeoSphere Project and Michael Fornalski; 22–23: Getty Images; 24–25: Steve Cole/Getty Images; 26–27: Tom Van Sant/GeoSphere Project and Michael Fornalski; 28–29: Derek Trask/Corbis; 32–33: Tom Van Sant/GeoSphere Project; 34–35: Tom Van Sant/GeoSphere Project and Michael Fornalski; 38–39: Antony Di Gesu/San Diego Historical Society; 40: Lou Jacobs, Jr./Scripps Institution of Oceanography Archives/University of California, San Diego; 41: (top) Bob Glasheen/The Regents of the University of California/Mandeville Special Collections Library, UCSD; (bottom) SIO Archives/UCSD; 42–43: Bruno Messerli; 44: Carl Page; 45: Lonnie Thompson; 46–47: U.S. Geological Survey; 48–49: Daniel Garcia/AFP/Getty Images; 51: (photograph) R.M. Krimmel/USGS; (graphic) W. T. Pfeffer/INSTAAR/University of Colorado; 52–53: Lonnie Thompson; 54–55: (composite) Daniel Beltra/ZUMA Press/Copyright by Greenpeace; 56–57: (all photographs) Copyright by Sammlung Gesellschaft fuer oekologische Forschung, Munich, Germany; 58–59: Map Resources; 60–61: (all images) Lonnie Thompson; 62: Lonnie Thompson; 65: Vin Morgan/AFP/Getty Images; 68–69: Tipper Gore; 70: (top) Bob Squier; (bottom) Tipper Gore; 71: (all photographs) Tipper Gore; 74–75: Michaela Rehle/Reuters; 80–81: NOAA; 82: NASA; 85: NASA; 86–87: Don Farrall/Getty Images; 88: Andrew Winning/Reuters/Corbis; 90: Robert M. Reed/USCG via Getty Images; 91: Stan Honda/AFP/Getty Images; 94–95: NASA; 96: (top) David Portnoy/Getty Images; (bottom) Robyn Beck/AFP/Getty Images; 97: (top) Marko Georgiev/Getty Images; (bottom) Reuters/Jason Reed; 98–99: Vincent Laforet/The New York Times; 103: Reuters/Carlos Barria; 104–105: (composite) NASA/NOAA/Plymouth State Weather Center; 107: Reuters/Pascal Lauener; 108–109: Keystone/Sigi Tischler; 110–111: Sebastian D'Souza/AFP/Getty Images; 112: Reuters/China Newsphoto; 113: China Photos/Getty Images; 114–115: Tom Van Sant/GeoSphere Project and Michael Fornalski; 116: (all) NASA; 117: Stephane De Sakutin/AFP/Getty Images; 118–119: Yann Arthus–Bertrand [Road interrupted by a sand dune, Nile Valley, Egypt (25°24' N, 30°26' E). Grains of sand, deriving from ancient river or lake alluvial deposits accumulated in ground recesses and sifted by thousands of years of wind and storm, pile up in front of obstacles and thus create dunes. These cover nearly a third of the Sahara, and the highest, in linear form, can attain a height of almost 1,000 feet (300 m). Barchans are mobile, crescent-shaped dunes that move in the direction of the prevailing wind at rates as high as 33 feet (10 m) per year, sometimes even covering infrastructures such as this road in the Nile Valley. Deserts have existed throughout the history of our planet, constantly evolving for hundreds of millions of years in response to climatic changes and continental drift. Twenty thousand years ago forest and prairie covered the mountains in the center of the Sahara; cave paintings have been discovered there that depict elephants, rhinoceros, and giraffes, testifying to their presence in this region about 8,000 years ago. Human activity, notably the overexploitation of the semi-arid area's vegetation bordering the deserts, also plays a role in desertification.]; 120: Paul S. Howell/Getty Images; 121: (graphic) Geophysical Fluid Dynamics Laboratory/NOAA; 122–123: Tipper Gore; 124: (left) courtesy of the Gore family; (right) Washingtonian Collection/Library of Congress; 125: (all photographs) Ollie Atkins/Saturday Evening Post; 127: Tom Van Sant/GeoSphere Project and Michael Fornalski; 128–129: Derek Mueller and Warwick Vincent/Laval University/ArcticNet; 130–131: Peter Essick/Aurora/Getty Images; 132: (top) Vladimir Romanovsky/Geophysical Institute/UAF; (bottom) Mark Lynas; 133: (graphic) Arctic Climate Impact Assessment; 134: (top) Bryan & Cherry Alexander Photography; (bottom) Paul Grabbhorn; 136–137: Karen Robinson; 139: David Hume Kennerly/Getty Images; 140: (top) New Republic; (bottom) Tipper Gore; 141: White House Official Photo; 142: Naval Historical Foundation; 145: Michael Fornalski; 146–147: Tracey Dixon; 148: Tom Van Sant/GeoSphere Project and mgmt. design; 150–151, gatefold: Tom Van Sant/GeoSphere Project and Michael Fornalski; 153: Benelux Press/Getty Images; 155: Kenneth E. Gibson/USDA Forest Service/www.forestryimages.org; 156–157: Peter Essick/Aurora/Getty Images; 158–160: Nancy Rhoda; 161: (top) Nancy Rhoda; (bottom) courtesy of the Gore family; 162: (left to right, top to bottom) Juan Manuel Renjifo/Animals Animals; David Haring/OSF/Animals Animals; Rick Price Survival/OSF/Animals Animals; Juergen and Christine Sohns/Animals Animals; Johnny Johnson/Animals Animals; Frans Lanting; Michael Fogden/OSF/Animals Animals; Johnny Johnson/Animals Animals; Raymond Mendez/Animals Animals; Leonard Rue/Animals Animals; Frans Lanting; Frans Lanting; Peter Weimann/Animals Animals; Don Enger/Animals Animals; Erwin and Peggy Bauer/Animals

田纳西州迦太基的凯尼福克河, 2006 年
蒂帕 · 戈尔拍摄

后记

本书的翻译者都是环保组织"自然之友"的志愿者，他们是（按姓氏的汉语拼音顺序）：
陈帅博，陈宇，董睿，顾芸畅，李韵，梁幸仪，吕倩倩，庞兴玉，宋嵩，苏澍，王炳辉，王希云，易扬格，余晶晶，周晨，邹静。
翻译审校者为王立礼。在翻译过程中加拿大友人鲁斯·甘伯特女士耐心地解答了许多疑难点。
在此向以上各位环保志愿者表示衷心的感谢。

图书在版编目(CIP)数据

不愿面对的真相 /(美)戈尔(Gore, A.)著;
自然之友志愿者译;王立礼译校.
—上海:上海译文出版社,2017.3
书名原文:An Inconvenient Truth
ISBN 978–7–5327–6963–6

Ⅰ.①不⋯　Ⅱ.①戈⋯　②自⋯　③王⋯　Ⅲ.①全球变
暖–研究　Ⅳ.① X16

中国版本图书馆CIP数据核字 (2016) 第099069号

图字:09–2013–332 号

审图号:GS(2015)3044 号

不愿面对的真相	[美] 阿尔·戈尔　著	出版统筹　赵武平
An Inconvenient Truth	自然之友志愿者　译	责任编辑　缪伶超　梅愚童
	王立礼　译校	装帧设计　蔡立国

上海世纪出版股份有限公司
译文出版社出版
网址:www.yiwen.com.cn
上海世纪出版股份有限公司发行中心发行
200001 上海福建中路193号 www.ewen.co
南京爱德印刷有限公司印刷

开本787 × 1092　1/16　印张20　插页4　字数99,000
2017年3月第1版　2017年3月第1次印刷

ISBN 978–7–5327–6963–6/X · 019
定价:98.00元